澜湄环境合作系列丛书

澜沧江－湄公河国家
水环境管理政策研究

李　霞　钱钊晖　施　川／编著

中国环境出版集团·北京

图书在版编目（CIP）数据

澜沧江－湄公河国家水环境管理政策研究 / 李霞，钱钊晖，施川编著 . -- 北京：中国环境出版集团，2020.12

（澜湄环境合作系列丛书）

ISBN 978-7-5111-4592-5

Ⅰ. ①澜… Ⅱ. ①李… ②钱… ③施… Ⅲ. ①澜沧江—流域—水环境—环境政策—研究 ②湄公河—流域—水环境—环境政策—研究 Ⅳ. ① X321.274

中国版本图书馆 CIP 数据核字（2020）第 263617 号

责任编辑 赵惠芬
封面设计 彭 杉

出版发行 中国环境出版集团
（100062 北京市东城区广渠门内大街 16 号）
网　　址：http: //www.cesp.com.cn.
电子邮箱：bjgl@cesp.com.cn.
联系电话：010-67112765（编辑管理部）
010-67175507（第六分社）
发行热线：010-67125803，010-67113405（传真）
印　　刷 北京中献拓方科技发展有限公司
经　　销 各地新华书店
版　　次 2020 年 12 月第 1 版
印　　次 2020 年 12 月第 1 次印刷
开　　本 710 × 960 1/16
印　　张 7.75
字　　数 170 千字
定　　价 50.00 元

前　言

水资源不仅是人类生存和发展过程中不可替代的基础性自然资源及战略性经济资源，而且是维持生态系统良性循环的物质和能量传输的载体，更是重要的环境要素，水体的自净能力维持着生态系统的平衡。由于全球水资源紧缺、水污染严重和生态环境脆弱等问题以及城市人口的快速发展，水环境的管理和保护成为各国关注的焦点。

水环境管理的目的是维持或者改善水环境质量，研究与调控水量和水质，使不同区域水体的主要功能得以实现，促进经济社会与环境的协调发展。水环境管理主要是指政府作为相关的核心利益主体，以法律、信息、经济、财政等为手段防治水环境污染，从而达到改善水环境质量的目的。

水环境管理的主要内容包括水环境规划、水环境监测、水环境模拟、水环境评价、污染源（点源、线源和面源等）治理、污染事故应急处理、水污染纠纷调解、水环境政策与法规的制定和实施、水环境科研等内容。

由于流域水资源具有跨域性、外部性特征，传统的属地原则治理方式难以解决整个流域的污染问题，实行协同治理是扩大水环境治理的正外部性、阻滞跨域水环境负外部性扩散的必然选择。

澜沧江－湄公河发源于我国青海省唐古拉山脉岗果日峰的扎曲，自北向南流经我国青海省、西藏自治区、云南省及缅甸、老挝、泰国、柬埔寨、越南五国，于越南胡志明市附近湄公河三角洲注入南中国海，是亚洲一条重要的河流。“同饮一江水，命运紧相连”是对澜沧江－湄公河国家命运紧密相连、休戚与共具体而生动的描述。

本书第 1 章对澜沧江－湄公河流域的自然资源、社会和经济概况进行了梳理；第 2 章整理、归纳了流域各国水环境管理相关的政策法规；第 3 章搜集整理了流域各国水环境管理相关的成功案例；第 4 章对湄公河下游重要机构——湄公河委员会水环境管理相关协议和政策进行了梳理；第 5 章整理了国际非政府组织在流域水环境治理方面的实践案例；第 6 章搜集、整理了流域水环境治理与可持续投融资的成功案例；第 7 章对流域未来的水环境管理国际合作进行了展望。

本书通过整理澜沧江－湄公河流域各国水环境管理的相关政策和措施，加深对流域各国水环境现状和相关管理政策的理解，对比流域各国水环境管理政策、措施的异同，可以为未来澜沧江－湄公河流域水环境综合管理合作提供基础资料，也可为相似地区的水环境治理提供参考、借鉴。

由于编写时间紧迫，书中难免有疏漏之处，恳请广大读者指正。

目　录

1 澜沧江 – 湄公河流域概况

1.1 地理概况

澜沧江 – 湄公河是一条流经亚洲的国际大河，是世界第六大河、亚洲第三大河、东南亚第一大河。澜沧江 – 湄公河发源于我国青海省唐古拉山脉岗果日峰的扎曲，流至昌都后始称澜沧江，流至云南省南腊河口出境，出境后改称湄公河。澜沧江 – 湄公河自北向南流经我国的青海省、西藏自治区、云南省和缅甸、老挝、泰国、柬埔寨、越南五国，于越南胡志明市附近湄公河三角洲注入南中国海，是亚洲一条重要的河流。澜沧江 – 湄公河全长 4 909 km，流域总面积 81 万 km^2，被称为“东方的多瑙河”。

澜沧江 – 湄公河流域包括 7 个地形、流域格局和地貌特征各异的地理区域。青藏高原、三江源和澜沧江盆地构成了澜沧江区域，北部高地、霍拉特高原、托勒萨普盆地和湄公河三角洲构成了湄公河区域。

1.2 气候

澜沧江 – 湄公河流域的温度带为温带到热带。在澜沧江上游，青藏高原一些较高的山峰被冰川覆盖。青藏高原融化的雪水为澜沧江旱季流量的主要来源，尤其是中游地区。在我国云南省海拔较低的地区，澜沧江流域气候发生变化，气温逐渐升高。

6—10 月是湄公河流域的雨季，除了两个短暂的过渡期外，湄公河流域的其余时间是旱季。雨季是夏季印度洋上充满水分的空气流动的结果，在其余的时间里，亚洲大陆的高压系统导致了湄公河流域的旱季。

湄公河流域气候炎热潮湿，属热带季风气候。3 月和 4 月为最热月份，平均气温为 30～38℃，11 月至翌年 2 月气温普遍较低。在老挝海拔较高的地区，冬季平均气温为 15℃。

湄公河流域年均降水量分布呈明显的东西向梯度。老挝和柬埔寨高地降水最多（3 000 mm），泰国东北部半干旱的 Khorat 高原降水最少（1 000～1 600 mm）。澜沧江流域与湄公河流域降水时间和分布相似，均受全球季风系统的调节。在上游，青藏高原的年降水量低至 600 mm，下游云南山区的年降水量高达 1 700 mm。

湄公河流域也是受气候变化影响最剧烈的地区之一。湄公河流域未来 20～30 年的气候变化预测如下[①]：

- 整个流域的温度平均上升 0.79℃，北部较冷地区上升更多；
- 年降水量增加 200 mm（上升 13.5%）；
- 北部集水区旱季降水量增加，南部集水区旱季降水量减少；
- 径流量每年增加 21%；
- 流域各地洪涝灾害增加，对湄公河下游流域产生较大影响；
- 预计气候变化将影响整个湄公河流域的自然生态系统和农业，从而加剧人口日益增长和资源供给之间的矛盾。

① http://www.mrcmekong.org/mekong-basin/climate/.

1.3 自然资源

1.3.1 水资源

澜沧江年均径流量占澜沧江 – 湄公河年均总径流量的 16%，澜沧江 – 湄公河 55% 的径流量来自老挝的左岸支流以及 Se Kong、Se san 和 Sre Pok（3S）河流系统（越南中部高地、老挝和柬埔寨）。在旱季，来自中国的雪山融水占总径流量的 24.1%。湄公河流域的汛期从 6 月持续到 11 月，占全年径流量的 80% ~ 90%。每年的汛期，湄公河下游的环境和栖息地塑造尤为重要。湄公河流域的主要生态系统多是由季节性水流波动而发展起来的，如果没有每年的洪水，该地区广阔的湿地栖息地将不复存在。同样，湄公河流域许多鱼类的生命周期也依赖于它。旱季，鱼类迁徙到干流的深水池避难；汛期，它们迁徙到泛滥平原产卵，到营养丰富地区觅食。

相对于全球其他地区的实际人均可利用水资源量而言，湄公河流域并不缺水。然而，该地区目前也面临一系列关键性的水环境问题，例如：

- 泰国灌溉用水需求增加造成水资源短缺；
- 越南湄公河三角洲盐水入侵加剧；
- 流域许多地区的渔业资源减少，鱼类自然生境退化；
- 非季节性洪水和干旱频发；
- 泛滥平原和三角洲地区的水质恶化、土地形态发生变化；
- 湄公河国家内部和国家之间的部门用水竞争加剧。

1.3.2 渔业资源

湄公河流域是世界上最大的内河渔场之一，渔业也是该地区人民的生命线，为大多数人提供了主要的蛋白质来源。到 2025 年，湄公河流域下游人口预计将增长到约 1 亿人，这会使湄公河流域对渔业资源的依赖加剧。如果渔业生产力下降，或渔业产品受到工业废物的污染，后果可能会很严重。

2008 年，湄公河流域的总渔获量（包括水产养殖）约为 390 万 t，其中约 200 万 t 来自捕捞业。渔业产值占柬埔寨国内生产总值（GDP）的近 12%，对该国经济的贡献超过了稻米。在老挝，渔业产值占到该国 GDP 的 7%。泰国和越南的渔业产值虽然占国家经济的比重相对较小，但每年渔业产值对 GDP 的贡献也超过了 7.5 亿美元。

湄公河流域的水产养殖产量增长迅速。2008 年，湄公河流域的水产养殖产量约为 190 万 t，与 2000 年相比增加了 5 倍。其中，约 160 万 t 源自越南的湄公河三角洲。柬埔寨、老挝和泰国的内陆水产养殖产量也在增加。

1.4 社会经济①

澜沧江－湄公河合作成员国包括中国、柬埔寨、老挝、缅甸、泰国和越南六国。2016 年，六国总人口为 16.07 亿；六国 GDP 为 11.9 万亿美元，占亚洲总量的 44.98%。2016 年六国社会经济具体情况如下。

1.4.1 中国

人口总量 13.7 亿，年增长率为 0.54%，城镇化率为 56.78%。陆地面积为 960 万 km^2（中国官方统计）。GDP 为 111 991.45 亿美元，同比增长 6.7%。人均 GDP 为 8 123.18 美元，同比增长 6.1%。通货膨胀率为 2.01%。进出口总额为 24.33 万亿美元。

1.4.2 柬埔寨

人口总量为 1 576.24 万，年增长率为 1.56%，城镇化率为 20.95%。国土面积为 18.1 万 km^2。GDP 为 200.17 亿美元，同比增长 6.88%。人均 GDP 为

① http://www.lmcchina.org/zjlm/lmsjp/t1514313.htm.

1 269.91 美元，同比增长 5.22%。通货膨胀率为 3.02%。进出口总额为 220 亿美元。

1.4.3 老挝

人口总量为 675.84 万，年增长率为 1.41%，城镇化率为 39.65%。国土面积为 23.68 万 km^2。GDP 为 159.03 亿美元，同比增长 7.02%。人均 GDP 为 2 353.15 美元，同比增长 5.53%。通货膨胀率为 1.51%。进出口总额为 87.38 亿美元。中老双边贸易额为 23.4 亿美元。目前，中国是老挝第二大贸易伙伴。

1.4.4 缅甸

人口总量为 5 288.52 万，年增长率为 0.91%，城镇化率为 34.65%。国土面积为 67.66 万 km^2。GDP 为 674.30 亿美元，同比增长 6.5%。人均 GDP 为 1 275.02 美元，同比增长 5.53%。进出口总额为 260 亿美元（2015 年 4 月 1 日至 2016 年 3 月中旬）。中国和缅甸双边贸易额为 122.8 亿美元。

1.4.5 泰国

人口总量为 6 886.35 万，年增长率为 0.30%，城镇人口为 3 549.23 万，城镇化率为 51.54%。国土面积为 51.31 万 km^2。GDP 为 4 068.40 亿美元，同比增长 3.23%。人均 GDP 为 5 907.91 美元，同比增长 2.92%。通货膨胀率为 0.19%。进出口总额为 2 150 亿美元。

1.4.6 越南

人口总量为 9 270.11 万，年增长率为 1.07%，城镇人口为 3 173.71 万，城镇化率为 34.24%。国土面积为 33.1 万 km^2。GDP 为 2 026.16 亿美元，同比增长 6.21%。人均 GDP 为 2 185.69 美元，同比增长 5.08%。进出口总额为 1 759 亿美元。

2 澜沧江－湄公河国家水环境管理方案

2.1 柬埔寨水环境管理方案

目前，水环境政策和管理方案已经得到柬埔寨政府的重视，政府已经认识到需要制定相关的政策来保护环境。柬埔寨开展了一系列改革，对政府部门进行重组，制定了国家层面的开发规划，设定了发展目标。柬埔寨多层面的政策和战略早在2003年就已通过并付诸实施，目前已经进入规划的第三个实施阶段。为了推动绿色发展，柬埔寨政府已经在国家层面推出了战略计划（2013—2030），同时也制定了绿色发展的路线图。

2.1.1 法律法规

在法律层面，柬埔寨已经制定了一些法律法规，用于加强自然资源管理和环境保护（表2-1）。柬埔寨环境部（MOE）于1996年颁布了《环境保护和自然资源管理法》；柬埔寨发展理事会（CDC）于2003年颁布了《柬埔寨王国投资法修正案》；柬埔寨水利气象部（MOWRAM）于2007年颁布了《柬埔寨王国水资源管理法》；柬埔寨农林渔业部（MOAFF）在2012年颁布了《农药和肥料管理法》。

表 2-1 柬埔寨环保相关法律法规

类型	编号	法律法规名称	颁布时间	主管部门
相关法律	1	环境保护和自然资源管理法	1996	环境部（MOE）
	2	柬埔寨王国投资法修正案	2003	发展理事会（CDC）
	3	工业和手工业管理法	2006	工业矿产与能源部（MOIME）
	4	柬埔寨王国水资源管理法	2007	水利气象部（MOWRAM）
	5	农药和肥料管理法	2012	农林渔业部（MOAFF）
相关二级法令	6	农业材料标准与管理二级法令	1998	农林渔业部（MOAFF）
	7	水污染防治二级法令	1999	环境部（MOE）
	8	固体废弃物管理二级法令	1999	环境部（MOE）
	9	环境影响评价程序二级法令	1999	环境部（MOE）
	10	柬埔寨工业标准二级法令	2001	工业矿产与能源部（MOIME）
	11	经济特区建设和管理二级法令	2005	发展理事会（CDC）

2.1.2 二级法令

柬埔寨还颁布了一系列相关的二级法令，最重要的一部是由柬埔寨环境部于 1999 年颁布的《水污染防治二级法令》，此外还有《环境影响评价程序二级法令》《固体废弃物管理二级法令》。2018 年 3 月，柬埔寨政府颁布了一个新的标准，即公共水域和污水系统废水的化学物质含量标准（表 2-2）。

表 2-2　柬埔寨公共水域和污水系统废水的化学物质含量标准

序号	参数	单位	废水排放标准	
			公共用水	污水处理厂
1	温度	℃	＜45	＜45
2	pH	—	6～9	5～9
3	五日生化需氧量	mg/L	＜30	＜80
4	化学需氧量	mg/L	＜50	＜100
5	总悬浮固体量	mg/L	＜50	＜80
6	溶解性固体总量	mg/L	＜1 000	＜2 000
7	油脂和石油含量	mg/L	＜5.0	＜15
8	洗涤剂	mg/L	＜5.0	＜15
9	酚类物质	mg/L	＜0.1	＜1.2
10	硝酸盐（NO_3^-）	mg/L	＜10	＜20
11	自由态氯	mg/L	＜1.0	＜2.0
12	氯离子	mg/L	＜500	＜700
13	硫酸盐（SO_4^{2-}）	mg/L	＜300	＜500
14	硫化物	mg/L	＜0.2	＜1.0
15	磷酸盐（PO_4^{3-}）	mg/L	＜3.0	＜6.0
16	氰化物（CN^-）	mg/L	＜0.2	＜1.5
17	钡（Ba）	mg/L	＜4.0	＜7.0
18	砷（As）	mg/L	＜0.10	＜1.0
19	锡（Sn）	mg/L	＜2.0	＜8.0
20	铁（Fe）	mg/L	＜1.0	＜20
21	硼（B）	mg/L	＜1.0	＜5.0
22	锰（Mn）	mg/L	＜1.0	＜5.0
23	镉（Cd）	mg/L	＜0.1	＜0.5
24	三价铬	mg/L	＜0.2	＜1.0
25	六价铬	mg/L	＜0.05	＜0.5
26	铜（Cu）	mg/L	＜0.2	＜1.0

序号	参数	单位	废水排放标准	
			公共用水	污水处理厂
27	铅（Pb）	mg/L	<0.1	<1.0
28	汞（Hg）	mg/L	<0.002	<0.05
29	镍（Ni）	mg/L	<0.2	<1.0
30	硒（Se）	mg/L	<0.05	<0.5
31	银（Ag）	mg/L	<0.1	<0.5
32	锌（Zn）	mg/L	<1.0	<3.0
33	钼（Mo）	mg/L	<0.1	<1.0
34	氨氮（NH_3-N）	mg/L	<5.0	<7.0
35	溶解氧（DO）	mg/L	>2.0	>1.0
36	多氯联苯	mg/L	<0.003	<0.003
37	钙（Ca）	mg/L	<150	<200
38	镁（Mg）	mg/L	<150	<200
39	四氯化碳	mg/L	<3	<3
40	六氟苯	mg/L	<2	<2
41	DDT	mg/L	<1.3	<1.3
42	异狄氏剂（杀虫剂）	mg/L	<0.01	<0.01
43	狄氏剂	mg/L	<0.01	<0.01
44	铝（Al）	mg/L	<0.01	<0.01
45	异艾氏剂	mg/L	<0.01	<0.01
46	全氯乙烯	mg/L	<2.5	<2.5
47	六氯丁二烯	mg/L	<3	<3
48	三氯甲烷	mg/L	<1	<1
49	1,2- 二氯乙烯	mg/L	<2.5	<2.5
50	三氯乙烯	mg/L	<1	<1
51	三氯苯	mg/L	<2	<2
52	环乙烯	mg/L	<2	<2

2.1.3 水质监控体系

柬埔寨水质监控体系由环境部负责，该部门专门负责水质评估与水污染的防治，尤其关注工业废水、生活污水以及公共水域废水排放。公共水域的水质监测站点有 21 个，其中 15 个站点的监测频率为每月 1 次；污水处理厂的水质监测站点有 12 个，监测频率为每月 1 次（表 2-3）。

表 2-3 柬埔寨公共水域和污水处理厂水质监测站点信息

序号	采样点（省份）	公共水域（监测站点数量）	污水处理厂（监测站点数量）	频率
1	Battambang	1	3	每月 1 次
2	Siem Reap	1	2	每月 1 次
3	Kampong Thom	2	—	每月 1 次
4	Kampong Cham	1	—	每月 1 次
5	Kampong Chhnang	2	—	每月 1 次
6	Pursat	2	—	每月 1 次
7	Preah Sihanouk	1	3	每月 1 次
8	Phnom Penh	2	—	每月 1 次
9	Kandal	3	4	每月 1 次
10	StuengTreng	4	—	每年 2 次
11	Kampot	1	—	每年 3 次
12	Kep	1	—	每年 4 次
合计		21	12	—

环境部会根据水质监测结果向污水排放单位提供污水处理建议。会导致水体富营养化的污染物的排放必须符合国家排放标准。污水排放单位必须有排放许可才可以排放，污水首先要治理达标，然后要按照排放许可的规定来进行排放。

对于公共水域的污染监测，会有专门设备来监控污染物的浓度，并将监测结果记录在案。环境部官员会定期检查废水样品，若污染物排放浓度超出标准，环境部会行使行政职责，要求污染企业进行限期整改等。如果限期内没有整改到位，则会开出停产整顿的处罚。

2.2 中国水环境管理方案

2.2.1 中国水环境管理法律法规

中国水污染防治相关法律法规如表 2-4 所示。

表 2-4 中国水污染防治相关法律法规

法律法规	公布与修订时间
中华人民共和国水污染防治法	1984 年通过，1996 年第一次修正，2008 年修订，2017 年第二次修正
中华人民共和国水法	1988 年通过，2002 年修订，2009 年、2016 年修正
中华人民共和国水土保持法	1991 年通过，2009 年修正，2010 年修订
中华人民共和国环境保护法	1989 年通过，2014 年修订
中华人民共和国环境影响评价法	2002 年通过，2016 年、2018 年修正
中华人民共和国水文条例	2007 年公布，2013 年、2016 年、2017 年修订

2.2.2 中国水环境管理政策创新

我国水污染防治在吸收和借鉴发达国家治理经验的同时，也结合我国社会经济发展实际情况，进行了相关管理制度的完善和创新。我国水污染防治的总方针是坚持预防为主、防治结合、综合治理的原则，优先保护饮用水水源，严格控制工业污染、城镇生活污染，防治农业面源污染，积极推进生态治理工程建设，预防、控制和减少水环境污染及生态破坏。

2.2.2.1 实行水环境保护目标责任制和考核评价制度

县级以上人民政府应当将水环境保护工作纳入国民经济和社会发展规划。地方各级人民政府对本行政区域的水环境质量负责，应当及时采取措施防治水污染。将水环境保护目标完成情况作为对地方人民政府及其负责人考核评价的内容。

2.2.2.2 重点水污染物排放总量控制制度得到进一步强化

国家对重点水污染物排放实施总量控制制度。同时规定，对超过重点水污染物排放总量控制指标的地区，有关人民政府环境保护主管部门应当暂停审批新增重点水污染物排放总量的建设项目的环境影响评价文件。

污染物排放总量控制制度是防治水污染的有力武器，是实行排污许可的基础。只有坚定不移地实施污染物排放总量控制制度，才能切实削减水污染物排放量，提高水环境质量。

2.2.2.3 全面推行排污许可证制度，规范企业排污行为

一是直接或者间接向水体排放工业废水、医疗污水以及其他按照规定应当取得排污许可证方可排放废水、污水的企业、事业单位，应当取得排污许可证；二是城镇污水集中处理设施的运营单位也应当取得排污许可证；三是禁止企业、事业单位无排污许可证或者违反排污许可证的规定向水体排放废水、污水。

此外，关于规范排污行为，修正后的《中华人民共和国水污染防治法》第二十二条规定，“向水体排放污染物的企业事业单位和其他生产经营者，应当按照法律、行政法规和国务院环境保护主管部门的规定设置排污口；在江河、湖泊设置排污口的，还应当遵守国务院水行政主管部门的规定”。禁止私设暗管或者采取其他规避监管的方式排放水污染物。

专家和基层执法部门认为，排污许可证制度是落实水污染物排放总量控

制制度、加强环境监管的重要手段。规范排污口的设置，有利于加强对重点排污单位和有关主体排放水污染物的监测，有利于及时制止和惩处违法排污行为。

2.2.2.4 完善水环境监测网络，建立水环境信息统一发布制度

修正后的《中华人民共和国水污染防治法》第二十三条规定，“……重点排污单位还应当安装水污染物排放自动监测设备，与环境保护主管部门的监控设备联网，并保证监测设备正常运行”。排放工业废水的企业，应当对其所排放的工业废水进行监测，并保存原始监测记录。第二十五条规定，“国家建立水环境质量监测和水污染物排放监测制度。国务院环境保护主管部门负责制定水环境监测规范，统一发布国家水环境状况信息，会同国务院水行政等部门组织监测网络……”。

经验证明，水环境监测是严格执法的基础，没有完善的水环境监测网络，就不可能贯彻、落实好《中华人民共和国水污染防治法》。建立水环境监测制

度的前提，是对单位的排污行为进行连续自动在线监测，并与当地环保部门的监控设备联网。在此基础上，完善水环境质量监测网络，规范水环境监测制度，建立统一的水环境状况信息发布制度。

2.2.2.5 完善饮用水水源保护区管理制度

为确保城乡居民饮用水安全，修正后的《中华人民共和国水污染防治法》在立法宗旨中明确增加了“保障饮用水安全”的规定，并专门增设了“饮用水水源和其他特殊水体保护”一章，进一步完善饮用水水源保护区的管理制度。一是完善饮用水水源保护区分级管理制度，规定国家建立饮用水水源保护区制度，并将其划分为一级保护区和二级保护区，必要时可在饮用水水源保护区外围划定一定的区域作为准保护区。二是对饮用水水源保护区实行严格管理，规定禁止在饮用水水源保护区内设置排污口。禁止在饮用水水源一级保护区内新建、改建、扩建与供水设施和保护水源无关的建设项目。禁止在饮用水水源二级保护区内新建、改建、扩建排放污染物的建设项目；已建成的，要责令拆除或者关闭。三是在准保护区内实行积极的保护措施，规定县级以上地方人民政府应当根据保护饮用水水源的实际需要，在准保护区内采取工程措施或者建造湿地、水源涵养林等生态保护措施，防止水污染物直接排入饮用水水体。四是明确了饮用水水源保护区划定机关和争议解决机制。对城乡居民的饮用水安全进行特殊保护，体现了以人为本的理念。

2.2.2.6 强化城镇污水防治

修正后的《中华人民共和国水污染防治法》第四十九条规定，“城镇污水应当集中处理。县级以上地方人民政府应当通过财政预算和其他渠道筹集资金，统筹安排建设城镇污水集中处理设施及配套管网，提高本行政区域城镇污水的收集率和处理率”。第五十条规定，“向城镇污水集中处理设施排放水污染物，应当符合国家或者地方规定的水污染物排放标准。城镇污水集中处理设施的运营单位，应当对城镇污水集中处理设施的出水水质负责。环境保护主管部门应当对城镇污水集中处理设施的出水水质和水量进行监督检查”。

强化城镇污染防治是在全国人大常委会审议期间，由全国人大常委会组成人员提出来的。全国人大常委会执法检查组对《中华人民共和国水污染防治法》的实施情况进行了认真检查，对城镇水污染的状况和后果有着直接的感受。有关防治城镇水污染的规定，必将大大推动城镇水污染的防治工作。

2.2.2.7 关注农业和农村水污染防治

修正后的《中华人民共和国水污染防治法》对农业和农村水污染防治给予了高度关注，增加了一些防治农业和农村水污染的规定。

第五十六条规定，“国家支持畜禽养殖场、养殖小区建设畜禽粪便、废水的综合利用或者无害化处理设施。畜禽养殖场、养殖小区应当保证其畜禽粪便、废水的综合利用或者无害化处理设施正常运转，保证污水达标排放，防止污染水环境”。第五十七条规定，“从事水产养殖应当保护水域生态环境，科学确定养殖密度，合理投饵和使用药物，防止污染水环境”。第七十三条规定，“国务院和省、自治区、直辖市人民政府根据水环境保护的需要，可以规定在饮用水水源保护区内，采取禁止或者限制使用含磷洗涤剂、化肥、农药以及限制种植养殖等措施”。

全国人大常委会组成人员认为，加强农业和农村水污染防治，对于全面建设社会主义新农村，保护广大农民的身体健康，实施可持续发展战略，具有深远的影响。

2.2.2.8 做好水污染事故应急处置

修正后的《中华人民共和国水污染防治法》对增强水污染应急反应能力做出了规定，以减少水污染事故对环境造成的危害。一是规定各级人民政府及其有关部门、可能发生水污染事故的企业事业单位，应做好突发水污染事故的应急准备、应急处置和事后恢复等工作。二是规定可能发生水污染事故的企业事业单位，应当制定有关水污染事故的应急方案，做好应急准备，并定期进行演练。生产、储存危险化学品的企业事业单位，应当采取措施，防止在处理安全生产事故过程中产生的可能严重污染水体的消防废水、废液直接排入水体。三是规定企业事业单位发生事故或者其他突发性事件，造成或者可能造成水污染事故的，应当立即启动本单位的应急方案，采取隔离等应急措施，并向事故发生地的县级以上地方人民政府或者环境保护主管部门报告。环境保护主管部门接到报告后，应当及时向本级人民政府报告，并抄送有关部门。

2.2.2.9 加大违法排污行为处罚力度

“守法成本高、违法成本低”一直是水污染治理的“瓶颈”。修正后的《中华人民共和国水污染防治法》加大了水污染违法的成本，增强了对违法行为的震慑力。

①对未完成重点水污染物排放总量控制指标的地方政府、违反本法规定严重污染水环境的企业，予以公布。

②综合运用各种行政处罚手段，加大行政处罚力度，根据违法行为的不同，规定了责令改正、责令停止违法行为、罚款、责令停业、责令关闭等措施，同时要求对直接负责的主管人员和其他直接责任人员依法给予处分。

③完善行政措施，强化环境保护主管部门的执法手段。将责令限期治理、停产整治等行政强制权赋予环境保护主管部门。

④修正后的《中华人民共和国水污染防治法》尤其加大了对私设暗管等规避监管行为的处罚力度。

- 对于违反法律、行政法规和国务院环境保护主管部门的规定设置排污口的，由县级以上地方人民政府环境保护主管部门责令限期拆除，处 2 万元以上、10 万元以下的罚款；对逾期不拆除的，强制拆除，所需费用由违法者承担，并处10万元以上、50万元以下的罚款；私设暗管或者有其他严重情节的，县级以上地方人民政府环境保护主管部门可以提请县级以上地方人民政府责令停产整顿。

- 如果私设暗管，还有超标排污行为的，即排放水污染物超过国家或者地方规定的水污染物排放标准，或者超过重点水污染物排放总量控制指标的，由县级以上人民政府环境保护主管部门按照权限责令限期治理，处应缴纳排污费数额2倍以上、5倍以下的罚款。限期治理期间，由环境保护主管部门责令限制生产、限制排放或者停产整治。限期治理的期限最长不超过一年；逾期未完成治理任务的，报经有批准权的人民政府批准，责令关闭。
- 如果私设暗管的行为违反了《中华人民共和国治安管理处罚法》的规定，可以给予人身拘留。如果私设暗管，构成犯罪的，还可以根据《中华人民共和国刑法》追究刑事责任。

2.3 老挝水环境管理方案

老挝是位于东南亚中部的一个内陆国家，与澜湄流域其他五国接壤。湄公河在老挝境内全长超过3 800 km，在老挝境内的水量贡献占湄公河总水量的35%，是湄公河的干流国。

2.3.1 老挝水环境管理法律法规

老挝于2005年颁布了《工业废水排放法规》，2012年颁布了《老挝人民民主共和国环境保护法》，2013年颁布了《老挝人民民主共和国工业处理法》。于2010年颁布了环境影响评价法令，2014年颁布了环境影响评价指南。《工业废物处理管理条例》于2012年实施，主要针对工业废物管理。2017年颁布了《国家环境标准》（表2-5）和《老挝人民民主共和国水及水资源法》两部法律。

表 2-5　老挝国家环境标准（一般工业污水处理标准）

序号	参数	符号	容许排放标准	单位	分析方法
1	酸碱度	pH	6～8.5	—	pH 测试仪
2	溶解性固体总量	TDS	≤2 500	mg/L	103～105℃干燥蒸发 1 h
3	总悬浮固体量	TSS	≤50	mg/L	玻璃纤维滤片
4	温度	t	≤40	℃	温度计
5	颜色和气味	—	—	—	常规
6	硫化氢	H_2S	≤1.0	mg/L	滴定
7	氰化物	CN^-	≤0.2	mg/L	蒸馏和吡啶巴比妥酸
8	脂肪、油和油脂	FOG	≤5.0	mg/L	溶剂重量萃取
9	甲醛	CH_2O	≤1.0	mg/L	分光光度计
10	苯酚	C_6H_5OH	≤1.0	mg/L	精馏与氨基安替比林法
11	氯化物	Cl^-	≤1.0	mg/L	碘量滴定法
12	杀虫剂	—	—	mg/L	气相色谱
13	五日生化需氧量	BOD_5	≤30	mg/L	20℃叠氮化改性 5 天
14	总氮	TN	≤100	mg/L	凯氏定氮法
15	化学需氧量	COD	≤120	mg/L	重铬酸钾消化：开回流或闭回流
重金属					
16	锌	Zn	≤5.0	mg/L	花生四烯酸 / 脂肪醇聚氧乙烯醚硫酸钠；电感耦合等离子体光量计
17	六价铬	Cr^{6+}	≤0.25	mg/L	
18	三价铬	Cr^{3+}	≤0.75	mg/L	
19	铜	Cu	≤2.0	mg/L	
20	镉	Cd	≤0.03	mg/L	

序号	参数	符号	容许排放标准	单位	分析方法
21	钡	Ba	≤1.0	mg/L	花生四烯酸 / 脂肪醇聚氧乙烯醚硫酸钠；电感耦合等离子体光量计
22	铅	Pb	≤0.2	mg/L	
23	镍	Ni	≤1.0	mg/L	
24	锰	Mn	≤5.0	mg/L	
25	砷	As	≤0.25	mg/L	花生四烯酸－氢代或电感耦合等离子体光量计
26	硒	Se	≤0.02	mg/L	
27	汞	Hg	≤0.005	mg/L	花生四烯酸－冷凝技术

2.3.2 工业污水处理行动计划

老挝制定了《工业污水处理战略行动计划 2030》，该行动计划的愿景是：到 2030 年，城镇居民生活卫生得到保障，每个家庭都能享受到污水处理服务，更加有效地保障健康，促进经济增长，保障社会安全和环境可持续发展。

该行动计划的目标是：利用低能耗、低成本（建设、运营和维护）、支持当地材料和劳力的专用技术为城市地区可持续的废水处理设施提供服务。

2.3.3 水环境管理相关部门

老挝涉及水污染防治的部门非常多，在中央层面主要有自然资源与环境部、公共工程与交通运输部、卫生部、工业和商业部、农林部、能源矿产部。在省和区层面水污染防治主要涉及的部门有省、区层面的自然资源与环境局。

2.3.4 水质监测系统

- 老挝政策控制司：主要负责水质的监测，监测主要针对末端治理和末端排放。
- 环境社会影响评估部门：负责开展一些常规的监测，此外还设计一些开发项目和实验项目。
- 国家环境研究所：负责研究和提供实验室服务。
- 水资源部门：负责针对地下水和地表水开展一些常规的监测。

2.3.5 城市的水污染和废水排放

老挝人口的迅速增长导致了水需求的迅速增加。人类活动、家庭、中小型企业、工业部门产生的废水未经处理直接排入路边的雨水收集系统（或公共区域）。在老挝大部分城市，目前的废水处理设施只是不采取任何处理的现场处置系统（厕所或化粪池）。

老挝城市地区的家庭会将未经处理的生活污水直接排入公共排水系统，因为已有的法律法规没有对城市生活污水做出具体要求，而大型工厂产生的废水必须经过处理才能排放。而且现在的排水系统不足以应对暴雨，在雨季经常发生内涝。

2.3.6 老挝水环境管理面临的挑战

①缺少人力资源。老挝水污染治理管理人员经验不足，亟需通过能力建设提升管理人员的专业技能和管理水平。

②技术与设备落后。没有专门的技术人员，水污染处理技术落后。污水处理设备和污水处理厂配套设施落后，缺少专门的设备进行现场测试。

③资金不足。老挝整体经济发展水平不高，没有足够的经费用于污水处理。

2.4 缅甸水环境管理方案

2.4.1 缅甸水污染产生的原因

缅甸水污染产生的原因主要有以下几项。

- 气候变化；
- 工业废水直排；
- 城市生活污水直排；
- 低溶解氧。

2.4.2 缅甸水环境管理相关法律法规

缅甸自然资源与环境保护部发布了多部与水污染相关的法律法规。

①缅甸《环境保护法》(2012)。

缅甸《环境保护法》第10款规定了以下环境质量标准：

- 适合公众在河流、溪流、运河、泉水、沼泽、湖泊、水库等内陆水源使用的地表水水质标准；
- 沿海和河口地区水质标准；
- 地下水标准；
- 大气质量标准；
- 噪声和振动标准；
- 烟雾排放标准；
- 废水标准；
- 固体废物标准；
- 联合政府规定的其他环境质量标准。

《环境保护法》第14款规定：造成点源污染排放的个体需对危害环境的物质进行处理、排放和存储。

缅甸《环境保护法》第 15 款规定：造成点源污染排放的企业、材料或场所的所有者或使用者，应当安装、使用现场设施或者控制设备，对环境污染进行监测、控制、管理等。

缅甸《环境保护法》第 16 款规定：工业园区和经济特区有义务缴纳费用并遵守环境保护的相关法令。

②缅甸《环境保护法则》（2014）。

③缅甸《环境影响评价程序》（2015）。

④缅甸《国家环境质量（排放）的指南》（2015）。

《国家环境质量（排放）的指南》中规定了污染物排放的限值（表 2-6）。

表 2-6　缅甸国家环境质量污染物排放限值

序号	参数	单位	指导值
1	五日生化需氧量	mg/L	50
2	氨氮	mg/L	10
3	砷	mg/L	0.1
4	钙	mg/L	0.1
5	化学需氧量	mg/L	250
6	氯（总残留）	mg/L	0.2
7	六价铬	mg/L	0.1
8	铬（总量）	mg/L	0.5
9	铜	mg/L	0.5
10	氰化物（自由态）	mg/L	0.1
11	氰化物（总）	mg/L	1
12	氟化物	mg/L	20
13	重金属（总）	mg/L	10
14	铁	mg/L	3.5
15	铅	mg/L	0.1

序号	参数	单位	指导值
16	汞	mg/L	0.01
17	镍	mg/L	0.5
18	脂肪、油和油脂	mg/L	10
19	pH	—	6～9
20	酚类	mg/L	0.5
21	硒	mg/L	0.1
22	银	mg/L	0.5
23	硫化物	mg/L	1
24	升温	℃	<3
25	大肠杆菌总量	100 mL	400
26	总磷	mg/L	2
27	总悬浮固体量	mg/L	50
28	锌	mg/L	2

2.4.3 缅甸国家水政策

缅甸国家水政策于 2015 年 8 月开始施行，目的是了解缅甸目前水污染的情况，为建立缅甸水污染防治法律和机构体系提出一个框架，并提出一个具有统一标准的国家层面的行动计划，包括缅甸国家水框架指令。缅甸专门成立了以副总统为主席的中央委员会，负责缅甸全国水资源的保护，环境保护部门及其他相关部门都有参与。

2.4.4 缅甸水环境管理相关国际合作

缅甸也积极开展与水污染相关的国际合作，引入国际先进污水处理技术、设备和经验，提升水污染监测和治理能力（表 2-7）。

表 2-7 缅甸开展水污染相关国际合作

序号	名称	合作机构	项目开展时间	合作类型
1	缅甸基本水环境管理和环境影响评估系统能力发展项目	日本国际协力机构（JICA）	2015—2018 年	技术合作
2	Mandlay 地区 Wun Dwin 镇未经处理的染料水污染当地示范试验（设施安装）项目	堀场制作所（HORIBA)	2015—2018 年	技术合作
3	国家环境质量标准制定	亚洲开发银行（ADB）	已完成	技术合作
4	环境持续监测系统和实验室的建立	堀场制作所(HORIBA)	已完成	技术合作

2.4.5 缅甸水环境管理面临的挑战

2.4.5.1 加强监测和监管

缅甸前期监测系统不完善，缺乏水质、土壤、大气等环境质量背景值的数据，需要进行监测。缅甸现有的监测设备、设施及实验室资源不足，需要资金和技术上的支持。

2.4.5.2 开展水污染防治科学研究

水污染防治要以科学理论为基础。缅甸需在水污染排放源头、过程和末端开展综合研究，加强对水污染排放全过程污染的治理。

2.4.5.3 健全水污染防治法律、法规

缅甸水污染防治法律法规不完善，需要加强与相关部门之间的合作，完善水污染防治相关法律法规体系，使水污染防治做到有法可依。

2.4.5.4 完善环境质量标准

环境质量标准的确定，可以为环境质量评价提供具体参数范围。目前，

缅甸自然资源与环境保护部正与相关部委和亚洲开发银行开展合作，进行环境质量标准的制定。

2.5 泰国水环境管理方案

2.5.1 泰国水环境管理主管部门

2.5.1.1 泰国污染控制司

泰国水污染防治由自然资源和环境部的污染控制司具体负责，该司于1992年成立。污染控制司下设水质管理局、空气质量和噪音管理局、废弃物和有害废弃物管理局。此外还设有法律部、检查与执法部等部门（图2-1）。

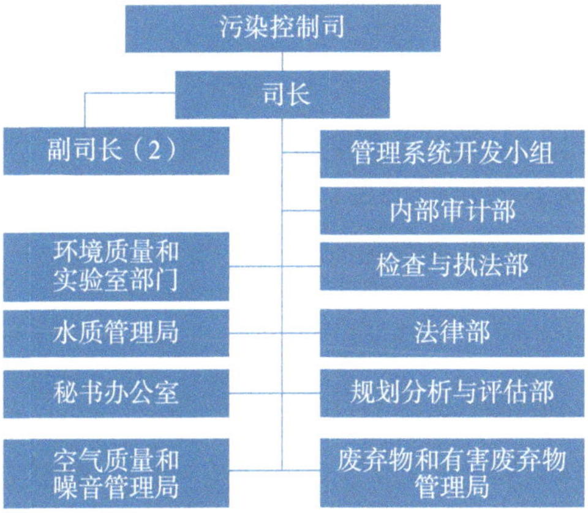

图2-1 泰国自然资源和环境部污染控制司机构设置

2.5.1.2 泰国水质管理局

水质管理局的主要职责有制定并颁布水污染防控政策、法律法规，编制水污染战略规划，建立水质标准，进行水资源水质监测。

水质管理局下设海洋水处、工业废水处、规划和评价处、内陆水处、生活废水处、农业废水处等处室（图2-2）。

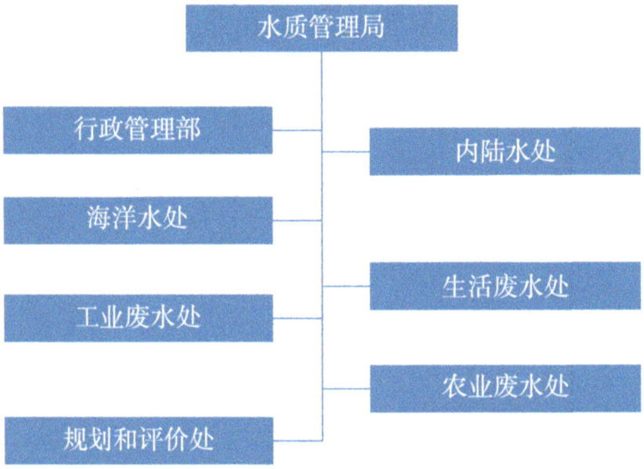

图 2-2　泰国自然资源和环境部污染控制司水质管理局机构设置

2.5.2　泰国水相关国家战略

2.5.2.1　泰国国家水愿景

泰国国家水愿景的主要目标是：到 2025 年，泰国将通过有效的管理、组织和法律体系，为所有用户提供足够的优质水，确保公平和可持续利用水资源，同时适当考虑生活质量改善和所有利益相关方的参与。

2.5.2.2　国家经济和社会发展规划

国家经济和社会发展规划的目的有以下几项。

- 促进水资源综合管理，以支持可持续的粮食和能源安全，减轻洪水和干旱灾害；
- 通过改善资源条件增加潜在储水区的供水；
- 促进高效、低成本和环境友好型的水利用；
- 为国内用水制定系统的水资源基础设施总体规划。

国家经济和社会发展规划的目标：

- 通过减少发展对健康的污染和威胁，创造一个更愉快的环境；

- 在至少 80% 的主要水源和主要河流中调节水质，恢复泰国内湾沿海水质；
- 使城市和工业地区的空气质量达到健康标准，并保持这一水平；
- 以卫生方式处理 50% 的固体废物，并回收至少 30% 的垃圾。

2.5.3 泰国水质现状

泰国水质监测结果表明，大部分污水受纳水体符合国家水质标准。然而，人口稠密地区的河流，由于不同点源过度排放废水而受到污染。因此，需要采取诸如建造废水处理厂及进行固体废物管理、农业废物管理、工业废物控制和其他污染源管理等措施缓解水污染。

造成泰国水质恶化的主要参数有氨氮、溶解氧、大肠杆菌总量（TCB）、粪大肠杆菌总量（FCB）、五日生化需氧量，所占比例如图 2-3 所示。

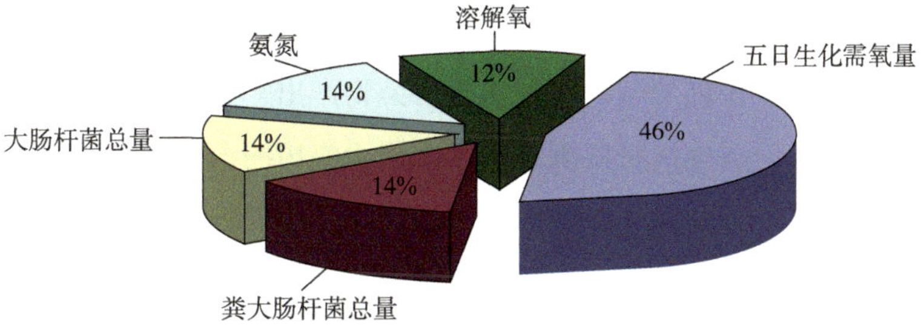

图 2-3 造成水质恶化的主要参数占比

泰国的水污染主要来源于生活污水、工业废水和农业废水，3 种污水所占比例分别为 67%、32.5% 和 0.5%（图 2-4）。

2.5.4 泰国水质管理措施

2.5.4.1 废水处理和处置

过去 10 年来，泰国政府在城市污水的收集和处理方面取得了重大进步，但是能够处理的污水仅占泰国产生的全部城市污水的一小部分，城市生活污水的处理比例只有23%。目前，泰国加快对污水处理厂的建设，已建城市生活污水处理厂90个，在建城市生活污水处理厂10个。

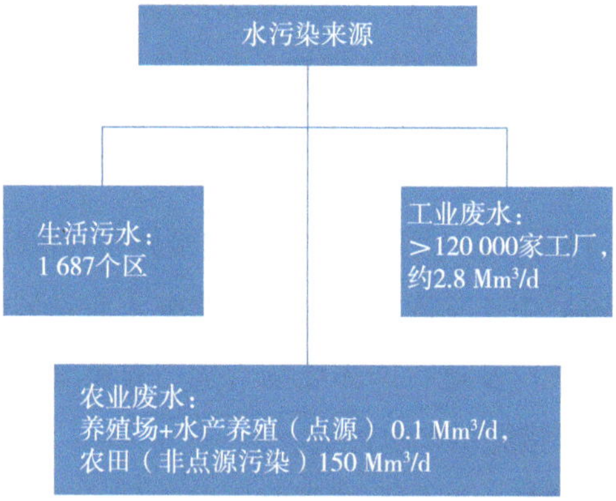

图 2-4　泰国污水主要来源占比

2.5.4.2　污染物减量化处理

通过在污染源头施加各种措施减少污染物产出，主要包括废物循环利用和资源化利用。一些地区将处理过的废水用于农田灌溉，一些工厂在冷却系统中使用了经过处理的废水。泰国的污染物减量化处理在法律法规中还没有明确要求，只是进行自愿性尝试。

2.5.4.3　清洁生产

清洁生产贯穿产品的整个生产过程和使用过程。泰国政府自2001年就开始了国家清洁生产计划的编制。

清洁生产的原则将适用于所有能有效保护水体、减少和控制污染、保护国家资源、提高生活质量并从国家发展中受益的活动。

2.5.4.4　法律框架

1992年，泰国颁布了国家环境保护法——《国家环境质量促进和保护法》。在此之前，废水管理主要由两个部门负责——工业部工业工程司和内政部公共工程司。1992 年以后，自然资源和环境部下设的污染控制司及环境政策和规划办公室通过开展国家和区域的水质管理规划促进地方的水质管理，并协调地方当局负责本地区的废水管理。

泰国以欧洲和美国的污染控制模式为基础，建立了“指挥和控制方法”及污水标准，并随后强制执行。

为了控制和管理水质问题，泰国的法律法规可分为以下三类。

①应用于环境影响评估（EIA）中确定不同类型和规模的开发项目的影响缓解计划，如蓄水量达 1 亿 m^3 以上的大坝、灌溉面积达 1.28 万 hm^2 以上的灌溉工程、有超过 80 间客房的酒店或度假村、各种规模的采矿厂等。

②根据水质状况、社会经济状况和处理技术获取的难易程度确定的环境水质标准和分类。

③制定和实施工业废水、生活污水、养猪场和鱼 / 虾场污水排放标准。

《国家环境质量促进和保护法》（1992）规定了污染治理的主要原则（谁污染谁出钱）确定了环境损害赔偿办法、污染控制区划、监测方案、水质标准、污水排放标准。

水质相关标准主要有：

- 《地表水质标准》（1994）；
- 《海洋水质标准》（1994）；
- 《地下水水质标准》（2000）。

污水排放标准主要有：

- 《建筑污水排放标准》（1994）；
- 《生活污水排放标准》（1996）；
- 《工业污水排放标准》（1996）；
- 《养猪场污水排放标准》（1991）；
- 《加油站和石油集散中心污水排放标准》（2002）。

其他相关污水控制法律：

- 《工厂法案》（1992）；
- 《公众健康法案》（1992）；
- 《公众清洁法案》（1992）；
- 《向地方政府机构下放权力的计划和进程法案》（1999）；
- 《泰国工业地产管理局法案》（1979）；
- 《建筑物管制法案》（1979、1992）。

2.5.4.5 机构和资金保障

泰国通过设立环境基金的方式筹集资金，来源包括燃油基金、环境发展和生活质量循环基金、根据 1992 年《国家环境质量促进和保护法》收取的罚款和服务费用、政府的赠款、捐赠等。该基金主要通过以下战略控制水质问题：

- 向政府机构或地方行政当局提供中央污水处理厂的投资和运营赠款；
- 向地方政府或国营企业提供废水处理设施贷款；
- 提供援助或赠款，以支持任何有关促进和保护环境质量的活动。

2.5.4.6 监测和执行

水质监测方案在水资源管理中发挥着重要作用。水质监测包括使用可接受的协议进行的数据和样品分析，分析结果可用于支持决策。根据《国家环境质量促进和保护法》，监测主要分为废水监测和水质监测。点源污染的排放者需要收集、统计数据，并对污水监测方案进行记录和报告。政府机构对排放水水质进行监测，并编制国家年度水质报告。

2.5.4.7 与相关机构和社区进行合作

合作是水质管理的一个重要和可行的方法，因为污染问题通常与一些机构和当地社区息息相关。污染控制司与有关机构通过成立工作组等方式进行污染源废水排放监测，解决水污染问题。

2.5.4.8　流域综合管理方法

根据受纳水体的吸收能力、预算可用性和流域尺度优先项目，为城市水质管理指明新方向。目前，泰国正在采用模型模拟、地理信息系统和数据库管理系统等最灵活的水质管理手段进行水质管理，根据受纳水体的吸收能力和污水达标排放情况分配污水排放限额。流域综合管理方法正在 Thachin 河流域等地区开展试验。

2.5.5　泰国水环境管理建议

目前，泰国大部分地区的地表水质量良好，而一些流经大型社区的河流水质较差。水质受到生活污水和工业废水排放、农业点源和非点源排放、毁林和项目开发的影响。泰国局部地区地表水污染严重，影响了水生资源及人类健康，必须认真执行有关条例，采取生态系统综合管理方法管理整个流域的水质，同时还要促进公众参与。

泰国政府已经启动了许多项目来解决地表水污染问题，但大多数行动都是地方性的，忽略了流域的整体性，造成河水水质继续恶化。目前，最紧迫的水质问题是农业废水和生活污水中的溶解氧含量低及有机物、氨和细菌等指标超标。为解决这些问题，政府制定了水质管理政策、计划和水质标准，并启动了用于管理市政污水等多种来源污水的项目。但由于缺乏综合管理，政策等没有得到有效执行，水环境管理能力薄弱，资金投入不足，运营和维护系统薄弱，导致水污染问题更加严重。

2.6 越南水环境管理方案

2.6.1 地表水环境

2.6.1.1 现状

越南有许多河流和运河网络，全国共有108个流域，长度超过10 km的河流有3 450条。全国总地表径流量为8.3亿～8.4亿 m^3。60%的河流发源于周边国家，湄公河的水量占全国总地表径流量的59%。

越南中部50%以上的水资源已经被开发利用，7～8个主要流域的流量和水质严重受损。受气候变化的影响，越南雨季的水域流量呈不正常发展的趋势，干旱和局部洪水的发生更为频繁，规模更大。

2.6.1.2 越南地表水污染的主要来源

①工业设施和工业区排放的废水。

②农业废水。越南农业需水量最大，主要用于水稻和其他作物的灌溉。

③未经处理的城市生活废水。越南大多数城市没有生活污水处理系统。

2.6.2 地下水环境

越南的地下水资源丰富，是生活、工业活动和农业活动用水的重要来源，全国城市供水总量的35%～50%来自地下水储备。

导致越南地下水质量下降的主要原因包括受污染地表水的渗漏、土地用途的转变、不合理的水资源开发、由海平面上升导致的海水侵入。

2.6.3 海洋水环境

越南沿海地区的人口增长和城市化进程的加快给海洋水环境带来了很大的压力，而且越南沿海城市普遍缺乏固体废物和废水的处理系统。越南海上航运活动频繁，每月约有400艘国际航运船只通过海防—广宁海港，船舱污水的排放对近海水环境产生了一定影响。水产养殖使用的药物和饵料也是造成近海水质恶化的重要原因。越南 79% 的工厂分布在沿海地带，工业污水排放对海洋水环境影响较大。此外，沿海旅游业的发展以及密集的人口产生了大量生活污水和固体废物，也给海洋水环境带来了一定的压力。

2.6.4 越南水环境管理措施

2.6.4.1 法律法规及相关标准

越南的水环境管理相关法律法规及标准主要有：

①《环境保护法》。越南《环境保护法》自 1999 年颁布以来，分别于 2005 年和 2014 年进行了两次修订，法律里有很多关于水污染治理的专门条款。

②《水资源法》。

③国家有关环境保护的其他法律法规，如《化学品法》《自然灾害防治法》《植物保护检疫法》等。

④有关水环境管理技术的法规和标准体系。

2.6.4.2 多部门参与

越南水环境管理涉及多部门，中央层面涉及的主要部门有自然资源与环境部、科学技术部、工业与贸易部、建设部、农业与农村发展部、交通部，省级层面主要涉及省级人民委员会下设的自然资源与环境局、科学技术局、工业与贸易局、建设局、农业与农村发展局、交通局等（图 2-5）。

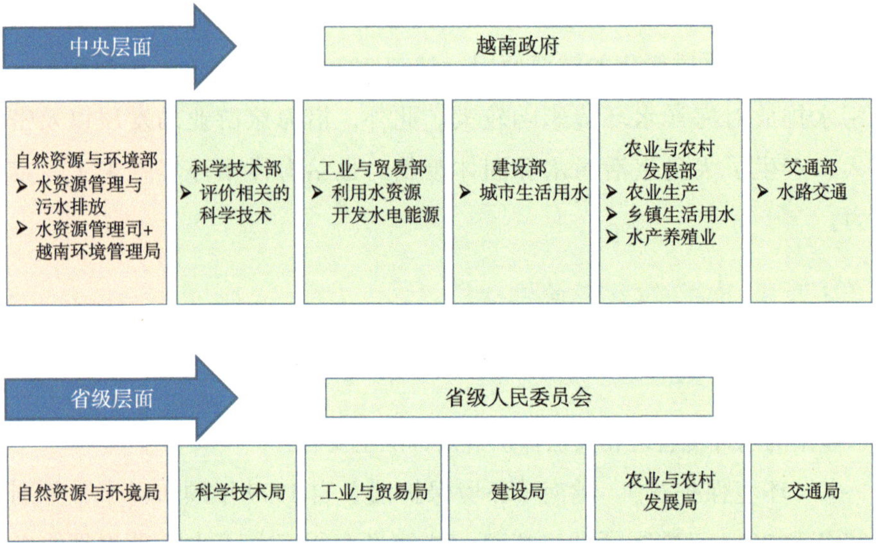

图 2-5　越南水环境管理相关部门

2.6.4.3　环境监测

环境监测是污染控制的重要环节。越南政府环境管理部门规定废水处理设施>1 000 m^3 必须安装自动废水监测系统，对废水的流量和质量进行监测，对废水排放设施进行环境影响监测，提高国家机构管理水质监测数据的能力。目前，越南有 421 个观测站，每个观测站每年进行 4 ~ 6 次地表水监测。

2.6.4.4　金融工具

越南在国家层面和省级层面都有用于水环境治理的资金（表 2-8），分别由不同部门主管，主要通过优惠贷款提供，重点用于污水处理。

表 2-8　越南环境治理相关基金

层级	基金	年份	说明
国家级	越南环境保护基金	2002 年	● 由越南自然资源与环境部管理 ● 资金来源于环境保护费、罚款、补偿金、碳交易资金、政府开发援助 ● 通过优惠贷款提供资金 ● 主要用于 64 号次法令确定的城市废水处理设施、手工艺村庄和医院
	越南开发银行	2006 年	● 由越南财政部管理 ● 主要来源于存款和债券发行 ● 通过优惠贷款提供资金 ● 主要用于环境保护项目、城市废水处理
省级	当地基础设施发展基金（多省份）	始于 1997 年	● 由省级人民委员会管理，财政部门和计划投资部门密切配合 ● 整合不同来源的资金，包括一些省份的债券发行 ● 通过优惠贷款提供资金 ● 主要用于大型基础设施项目，包括废水处理
	广宁省环境保护基金	2010 年	● 由自然资源与环境部管理，同时涉及财政部门 ● 主要由省财政拨款，由环境保护费和罚款补充 ● 通过优惠贷款提供资金 ● 主要用于市政和点源排放的废水处理及污染控制
	河内市环境保护基金	2009 年	
	西原省环境保护基金	2010 年	
	永福省环境保护基金	2010 年	
	巴地头顿省环境保护基金	2005 年	
	平阳省环境保护基金	2009 年	● 由自然资源与环境部管理，同时涉及财政部门 ● 主要由省财政拨款，由环境保护费和罚款补充 ● 通过优惠贷款提供资金 ● 主要用于市政和点源排放的废水处理及污染控制
	同奈省环境保护基金	2004 年	

层级	基金	年份	说明
省级	胡志明市工业污染控制循环基金	2001 年	● 由胡志明市城市发展基础设施基金（HIFU）管理 ● 资金主要来源于亚洲开发银行（ADB）和 HIFU ● 通过优惠贷款提供资金 ● 目标群体为中小企业、手工艺产品企业和清洁生产项目
	胡志明市工业污染减量化基金	1999 年	● 由 HIFU 管理，自然资源与环境部提供技术支持 ● 资金来源于省级财政预算 ● 通过优惠贷款提供资金 ● 主要目标群体为中小企业和手工艺品工厂
	胡志明市废水循环利用基金	2006 年	● 由自然资源与环境部管理 ● 来自省级预算的资本，以及包括碳交易在内的各种来源 ● 通过优惠贷款提供资金 ● 重点用于污水处理厂

3

澜沧江－湄公河国家水环境管理案例

本章选取澜沧江－湄公河国家具有代表性的水环境管理战略、规划、行动或案例等进行分析，可以为澜沧江－湄公河国家水环境管理提供参考和借鉴。

3.1 柬埔寨 Boeung Prek Lapouv（BPL）2014—2018 年管理计划

3.1.1 BPL 概况

BPL 是湄公河下游现存较大的季节性淹没的草原湿地，对鸟类、植物和其他野生动物都很重要，其中有很多未被发现的物种。气候变化、水电开发、水稻种植取水等因素使得该地区的水文形势发生了重大变化，需要进行长期的管理干预。

BPL 是全球重要鸟类保护区之一，也是柬埔寨为管理赤颈鹤非繁殖季节采食区而设立的 3 个重要保护区之一。大量赤颈鹤在非繁殖季节会聚集在湄公河三角洲的湿地，此时也是赤颈鹤涌入 BPL 的高峰期。

BPL 为成千上万居民的生活和生计提供了必不可少的湿地资源，如鱼类、可食用的植物、薪柴和耕地等。由世界自然基金会（WWF）等有关机构于2012年进行的生态系统服务评估结果可知，68%的当地家庭（将近3 000个）从BPL收集自然资源，这体现了BPL对当地居民生计的重要性。该评估还揭示了BPL湿地正大面积向稻田转化，这很可能导致生态系统服务价值急剧下降。

BPL位于柬埔寨南部，靠近越南边境，是该地区最大的遗留草原湿地，面积超过8 300 hm^2。在雨季，整个地区都被湄公河上升的河水淹没，旱季来临时，河水流入东部的巴萨克河。当地为便利农业灌溉和运输，基于自然河道网络建立了一个人工排水系统，该排水系统使该地区的排水效率过高，对湿地生物多样性和依赖BPL维持生计的居民产生了很大的影响。

3.1.2 BPL 2014—2018 年管理计划

为落实2007年获批的政府附属法令并达到BPL管理20年中期目标，柬埔寨制定了2014年1月—2018年12月的行动计划。该行动计划的主要目标为：

①通过对水文和生境的适当管理，增加赤颈鹤在BPL的驻留时间。

②管理、维护和加强BPL的生物多样性，支持当地居民的生计。

BPL面临的主要问题包括：

① BPL内的大量湿地被转化为稻田，2004—2011年转化面积占总面积的35%。与这种转化相对应的灌溉取水设施和灌渠的修建使该地区在雨季后迅速干化。

②水稻种植季节大量使用化学药品和化肥，对鱼类和其他水生生物以及人类健康都产生了很大影响。

③非法捕捞、狩猎等不可持续行为也是一个受关注的问题。

④管理准则缺乏、界线和界桩不明确、居民环保意识淡薄、对现有法律执行不严等问题持续存在。

为应对上述问题，扭转湿地退化的趋势，实现湿地资源的可持续利用，采取了如下措施。

3.1.2.1 可持续农业项目

可持续农业项目试行水稻以及其他作物的可持续种植技术，尽量减少农业对自然环境（湿地）的影响。该项目通过向水稻种植户示范如何在水稻种植过程中减少使用化学品的方式，达到保护土壤质量、水质及提高生物多样性的目的。

3.1.2.2 基于社区的渔业和自然资源管理项目

社区渔业作为可持续渔业的示范，能够保护和加强野生渔业生产，支持社区渔业成员的生计，以及展示可持续渔业管理模式。

3.1.2.3 基于社区的生态旅游项目

在 BPL 建立社区生态旅游，为当地居民提供可持续的收入来源和就业机会，并提高当地社区保护 BPL 的能力。社区生态旅游项目将以所有利益相关方都参与的规划进程为基础，达到获得广泛支持的目的，并能够使利益相关方长期致力于保护区的可持续生态旅游。

3.1.2.4 生物多样性和水管理项目

试行水和各种生境管理措施，监测选定变量（如水质、水位、湿地范围）以及保护对象（赤颈鹤及其他生物）的变化趋势。

3.1.2.5 勘界和土地所有权属项目

帮助湿地使用者明确湿地保护区的范围，确定土地资源的合法所有权。土地所有权的确定可以使土地使用者获得安全感，从而更加合理、持续地对土地进行规划使用。

3.1.2.6 法律法规项目

通过法律手段制止（减少）非法活动，保护自然生境和生物多样性，并通过在行动计划中确定方案和执法巡逻等措施来实现。目前在 BPL 已组建执法的地方保护组，地方保护组中至少有一名本地社区成员。

3.1.2.7 意识提升和能力建设项目

本项目的设立是为确保当地社区、林业管理部门、其他合作伙伴和团体了解 BPL 的价值和重要性，并提高所有计划活动的设计者和实施者的能力。其中一项具体活动是对与人类和动物健康风险有关的、在 BPL 湿地上进行的活动开展总体评估，详细说明目前的管理是否存在风险，如果存在风险，应如何减轻风险。进行评估活动的目的是避免不明智的自然资源管理行为对人类和湿地健康产生伤害。

3.2 我国城市水环境与水生态景观修复案例

我国的广西和云南是与湄公河国家地缘相接的两个省（自治区），气候条件也最为接近。本书重点选取两省（自治区）城市水环境管理与湖泊生态景观修复案例进行分析，为澜沧江－湄公河国家相应水环境问题的治理提供参考。

3.2.1 广西南宁城市水环境修复与综合治理

广西南宁地处亚热带，北回归线横穿而过，气候条件、产业结构与澜沧江－湄公河国家非常相似。南宁是中国－东盟博览会的永久举办地，海上丝绸之路有机衔接的一个重要门户，区位优势非常明显。同时南宁是我国第一批海绵城市建设试点城市，南宁市城区范围内有 18 条城市内河，总长度为 550 km，建成区内为 150 km，形成了一个丰富的水网体系，这与澜沧江－湄公河国家的大多数城市相似。

3.2.1.1 南宁市水环境现状

（1）环保基础设施建设和规划滞后

随着城市的快速扩张，由于南宁的环保基础设施建设和规划都非常滞后，污水处理能力跟不上城市的发展速度。南宁的供水规模大约为每天170万t，但目前污水处理能力为每天110万t，故每天约有60万t的污水未经处理直接进入城市内河。

图 3-1 城中村污水直排现象

（2）污水收集率低

南宁的污水收集率有待提高，但城中村管网建设和改造的难度非常大（图3-1）。

（3）农业、养殖业面源污染严重

城市周边农业种植和小型养殖业的面源污染（图3-2）是南宁市水环境的主要污染源，两者的化学需氧量和氨氮排放量均占污染物总排放量的80%～90%。

图 3-2 城市周边农业种植和小型养殖业污染排放

（4）工业污染排放集中

工业园区集中式污水处理厂的建设及运营相对来说还满足不了现在越来

越高的环境要求，尤其是一些超生产负荷的污水排放对城市生活污水处理厂的冲击越来越大。

3.2.1.2 南宁市水环境治理措施

水环境治理不能仅从后期治理入手，要从源头到末端进行全过程干预。南宁市水环境综合治理措施如图 3-3 所示。

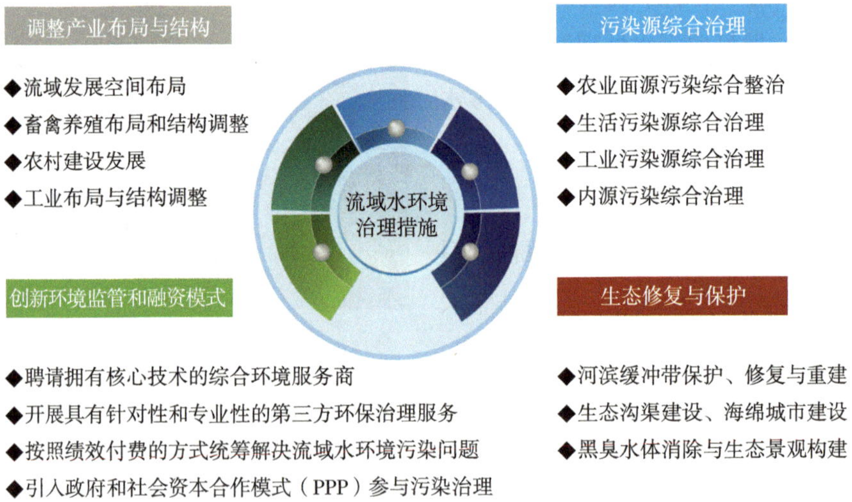

图 3-3 南宁市水环境综合治理措施

3.2.2 云南高原湖泊保护与治理案例

3.2.2.1 云南湖泊概况

我国的湖泊按照地理区位可分为五大湖区，分别为青藏高原湖区、蒙新湖区、云贵湖区、东北湖区、东部湖区。

云南省面积大于 1 km^2 的天然湖泊共计 30 个（包括九大高原湖泊），面积大于 30 km^2 的有 9 个，湖泊总面积为 1 143.5 km^2，流域总面积为 14 865.37 km^2。

云南省以山地为主要地形，坝区仅占很少的面积，9 个比较大的天然湖泊都分布在坝区，而坝区往往是云南省经济和社会发展最为集中的区域。9 个大的天然湖泊面积只占整个云南省总面积的2%左右，但聚集了全省10%的人口，产生的GDP占全省的34%。这些地区的社会经济发展比较集中，给高原湖泊的保护和治理带来了极大的挑战。

3.2.2.2 高原湖泊保护治理方面的挑战

（1）湖泊空间的约束和管控不力

以抚仙湖为例，其流域内有一个县城，还有一些乡镇及大量农田，沿湖也有较多的房地产和旅游开发项目，湖区空间管控非常困难。抚仙湖北岸及沿湖水质已经呈现下降的趋势，而且有逐步向湖心扩展的趋势（图3-4）。

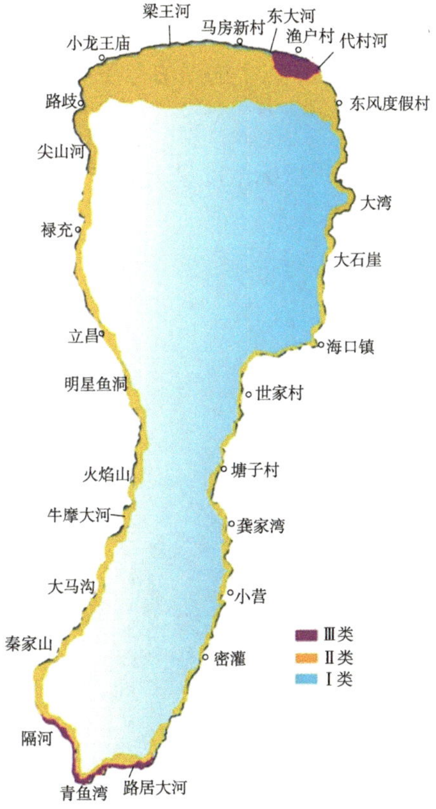

图3-4 抚仙湖水质分区

（2）截污治污体系不完善

近年来，云南省湖泊的面源污染问题越来越突出，尤其是农业面源污染问题，治理难度大，很多湖泊的污染负荷已经超过环境承载力。滇池作为云南省九大湖泊中面积最大的湖，经过多年的治理，城镇点源污染已经基本控制，但流域面源污染负荷占比明显增加，其中城市面源对整个化学需氧量的贡献占比已经接近 50%，农村农业面源对总氮和总磷的贡献也均达到了 20%，而且这个比例还在不断增加，已经成为整个湖泊保护和治理工作的重要制约因素。

（3）水资源短缺

云南省整体水资源相对丰富，但由于时间分布不均，需水期恰恰是降水量很少的时候。在九大湖泊中，4 个以上的湖泊存在不同程度的水资源短缺问题。

（4）水生系统退化

- 抚仙湖湖体的主要水质指标浓度呈上升趋势，湖泊水体营养水平呈增

高趋势。近 20 年来，抚仙湖湖体水质总体保持在 I 类，但主要水质指标浓度呈波动上升趋势，有向Ⅱ类发展的趋势。抚仙湖局部水域污染严重，水污染自北向南、自沿岸向湖心不断推进。抚仙湖中藻类生物量迅速增加，2014 年与 1990 年相比增长了 3 倍。虽然抚仙湖仍属于贫营养湖泊，但营养状态指数由 1980 年的 6.8 上升至 2017 年的 23.6，上升了约 2.5 倍。浮游植物优势种群由清水种（丝藻属、微胞藻属）逐渐向喜营养种（栅藻属、直链藻属、四角藻属等）演替，蓝绿藻比重明显增加。浮游动物和底栖动物中耐污种增加，沉水植物群落组成也向耐污种群演化。

- 洱海沉水植物退化，群落结构简单化，分布边缘化。鱼类群落中外来种增加，土著种减少，杂型化严重。底栖动物由清洁种向耐污种转变，浮游动物小型化。藻类的群落结构以蓝藻为优势种，夏秋季蓝藻水华暴发风险加大。

- 滇池流域生态圈层构建不完善，湖滨带生态功能较弱，流域整体的生态功能尚未发挥。滇池湖滨带狭窄，虽然湿地建设正在加速推进，但过于景

观化，且布局不合理、湿地物种单一、结构不稳定。滇池湖滨湿地净化效率低，水系不畅，调蓄功能不足。滇池已进入营养盐与藻密度非线性增长期，流域营养盐输入的小幅减少不会显著降低藻密度。蓝藻水华控制难度较大，叶绿素 a 含量虽有减少趋势，但波动较大，蓝藻水华仍然处于周期性暴发状态，治理需要的时间仍然较长。

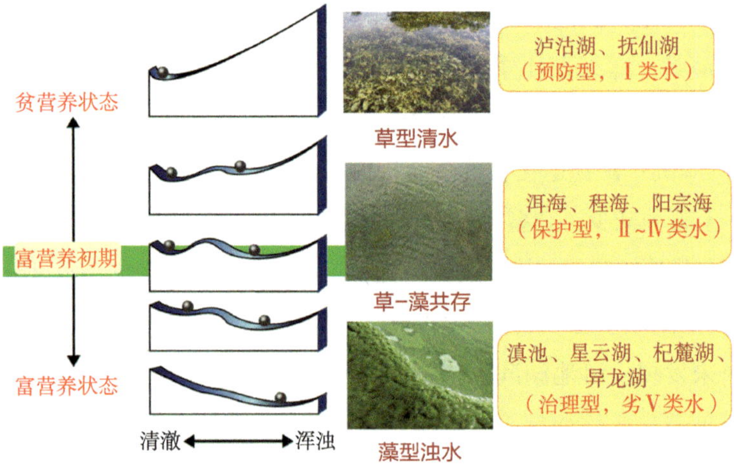

图 3-5　九大湖泊富营养化情况

3.2.2.3　高原湖泊保护治理策略

（1）水质优良湖泊保护（精准管理、生态保育）

坚持“保护优先、绿色发展”原则，严格空间管控，划定流域生态保护红线，科学、合理布局和整治生产空间、生活空间、生态空间，维护生态系统的稳定与健康。

（2）水质良好湖泊水质改善（严格控制，风险防控）

持续加大风险防控和污染防治力度，全面控污、截污，严控沿湖开发规模和强度。加强水资源统筹利用，优化湖泊水生态调控，提高蓝藻水华预警和水环境风险防控能力。

（3）污染湖泊综合整治（综合治理，精准有效）

采取全面控源截污、入湖河道整治、农业农村面源治理、生态修复、污染底泥清淤、生态补水等措施综合治理。

3.2.3 云南抚仙湖水环境治理案例

3.2.3.1 抚仙湖水环境概况

抚仙湖位于云南省玉溪市境内，距昆明约 60 km，湖面面积 212 km^2，仅次于滇池和洱海，水量为 216 亿 m^3，是太湖的 3.5 倍、洱海的 6 倍、滇池的 10 倍。抚仙湖是一个非常典型的深水型湖泊，最深处达 158.9 m，目前水质长期保持 I 类水的状态。抚仙湖的形状就像一个倒置的葫芦，湖水水质非常好，直观上是一个深蓝色的湖泊。但抚仙湖是环境比较脆弱的内陆断陷湖，补水非常缓慢，受到污染后非常难恢复。抚仙湖汇水面积非常小，为 600 km^2，但水量比较大。抚仙湖每年的入湖水量不到 1 亿 m^3，比重非常小。

近年来，各级政府非常重视抚仙湖保护工作，实施了流域生态修复、截污治污、农业面源污染防治、入湖河道综合整治、管理体系能力建设“五大工程”。2016 年，全国 81 个水质良好的湖泊综合考核中，抚仙湖排名第一，取得了显著成绩。但是，抚仙湖环境比较脆弱，近几年随着其流域经济社会的发展、人类活动的频繁、入湖水质的恶化，入湖污染物已经超过其水环境的自净能力，抚仙湖周边（尤其是人口密集的地区）出现了水质持续下降的趋势。

经过对抚仙湖水质及污染源情况进行全面分析后发现，水质变差区域均分布在沿湖村镇附近。抚仙湖北部区域的县城、村镇分布集中，农业较发达，同时受到磷矿开采业的影响，水质变差面积增加明显；南部地区人口分布集中，水质恶化情况严重。

2008 年，通过水质状况调查发现，抚仙湖 1 月旱季水质情况总体不容乐观，其中总氮和总磷的浓度已经达到了Ⅱ类水质的上限；8 月雨季期间水质比 1 月稍好，但总体也是不容乐观，其中几条入湖河口的水质情况尤其恶劣，基本上处于劣Ⅴ类水质，对Ⅰ类水的水质保护目标威胁非常大（图 3-6）。

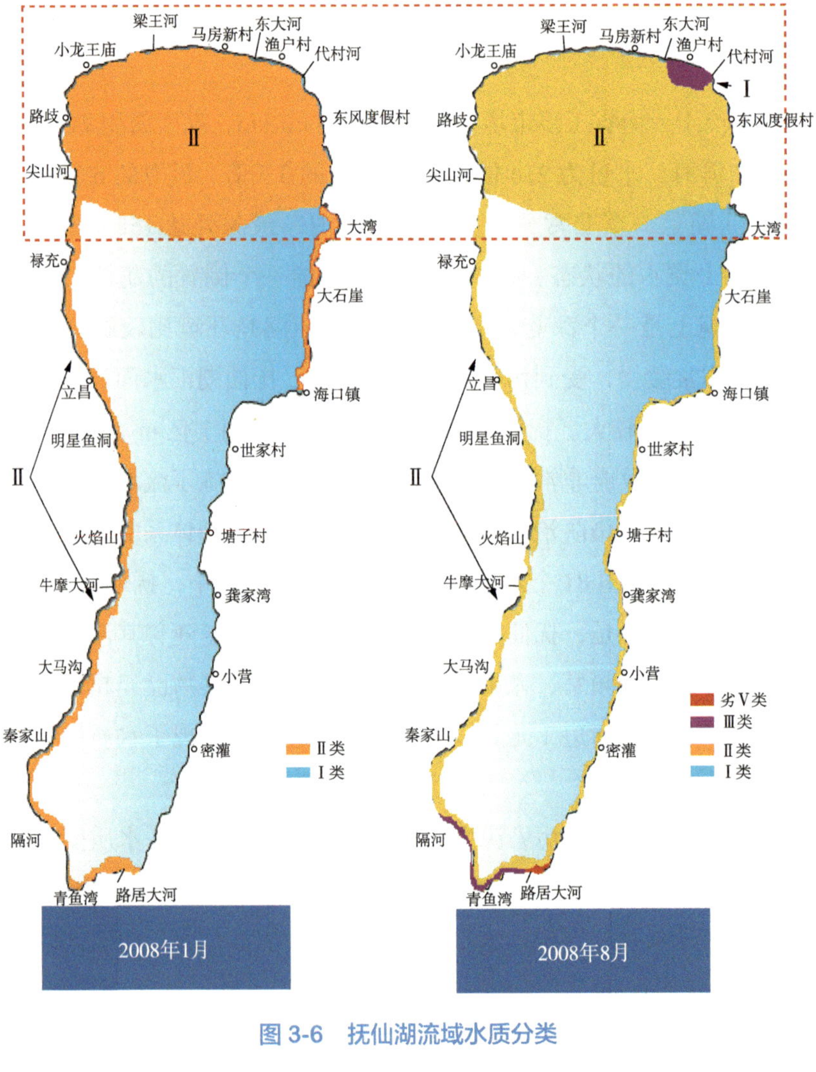

图 3-6　抚仙湖流域水质分类

2012 年 5 月 31 日，抚仙湖出现了 3 km^2 蓝藻，局部区域水质下降到Ⅱ类。省、市两级政府采取了一系列措施，将水质恢复到了Ⅰ类，但形势依然严峻。为了加强对抚仙湖的管理，抚仙湖被列为国家战略水资源，其保护受到国家的高度重视。

3.2.3.2　抚仙湖污染源分析

经过长期的调查和研究，总体来看，抚仙湖污染源主要包括以下 4 个方面（图 3-7）。

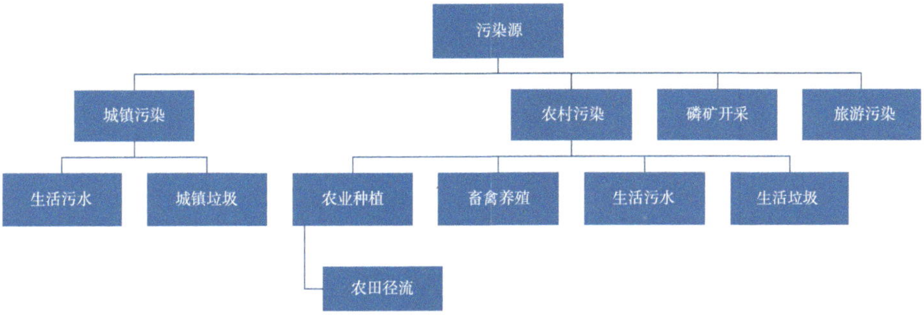

图 3-7　抚仙湖周边主要污染源情况

（1）城镇污染

处于县城和周边乡镇下游，生活污水和城镇垃圾产量大。

（2）农村污染

整个流域农村人口较多，除了畜禽养殖、生活污水、生活垃圾，还有农业种植流失的化肥、农药都是农村污染来源。

（3）磷矿开采

抚仙湖流域是磷矿资源非常丰富的一个区域，在过去的几十年中，该流域磷矿的开采与相关加工工业比较活跃。

（4）旅游污染

随着环境质量的提升，当地旅游业迅速发展，但也为污染的产生做出了巨大“贡献”，威胁了该地区的环境。

3.2.3.3 抚仙湖治理措施

为了解决环境污染问题，当地政府推出了一系列治理规划和具体措施，治理规划包括抚仙湖的“三年行动计划”和“十三五”保护规划，具体措施包括为确保打赢新时代抚仙湖保卫战的“八大行动”，即抚仙湖治理的总体布局（图 3-8）。

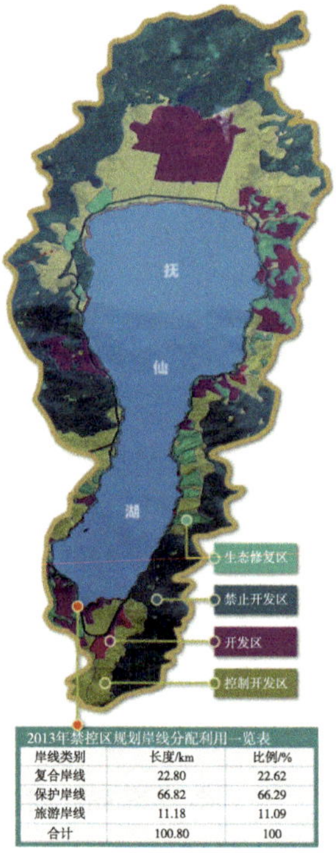

2013年禁控区规划岸线分配利用一览表

岸线类别	长度/km	比例/%
复合岸线	22.80	22.62
保护岸线	66.82	66.29
旅游岸线	11.18	11.09
合计	100.80	100

图 3-8　抚仙湖流域禁止开发控制区规划（2006—2020）

（1）与抚仙湖保护相关的规划与条例

- 《抚仙湖流域水环境保护与水污染防治规划》，2008 年 10 月。
- 《抚仙湖生态环境保护试点实施方案》，2011 年 9 月。
- 《抚仙湖流域禁止开发控制区规划（2006—2020）》，2013 年 10 月。
- 《云南省抚仙湖保护条例》，2016 年 9 月修正。

● 《抚仙湖流域水环境保护治理“十三五”规划（2016—2020 年）》，2016 年 12 月。

（2）建立推行河长制度（“一河一策”）

首先，按照国家的要求，在抚仙湖流域推行河长制，对所有入湖河道进行了综合治理，实行了“一河一策”的治理措施，具体措施包括：

①采取“一水两污”的治理措施，从生活污水和生活垃圾两方面着手，采取比较严格的有效措施进行治理（图 3-9）。采取源头截污、中段削减、末端稳固的三段式方法进行综合整治。

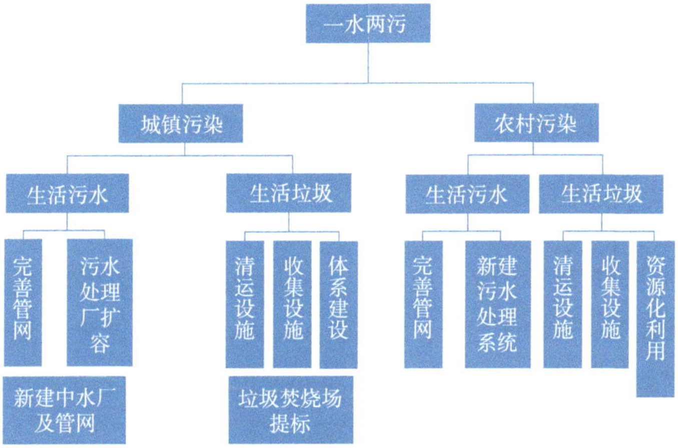

图 3-9　抚仙湖“一水两污”治理措施

②生态修复，建设植物缓冲带。

③对入湖河道进行综合治理，在“十三五”期间对实施效果不理想或未治理的河道进行全面的综合治理布局。

④采取工程措施，对流域内因磷矿山开采、磷化工企业造成的相关污染进行集中整治。

⑤流域农业面源的综合治理。政府对流域内的耕地及其他类型的土地进行收储，结合目前国家在农业方面的政策，对土地进行集约综合开发，进行

农业产业结构调整，发展低污染农业。

总体来看，抚仙湖流域污水治理的主要措施包括：在所有城镇区域进行雨污分流改造，加强污水的收集，对所有农村污水进行收集和治理；在县城建立垃圾焚烧场，加强环湖流域内垃圾分类、垃圾收集的力度；对有机垃圾进行资源化利用。其他治理措施包括：过程控制上的污染削减工程及对 15 万亩[①]裸露区域进行生态治理。目前已实施的湖滨带建设对控制污染有非常好的效果。

3.2.3.4 抚仙湖治理环境效益

从整体治理效果来看，抚仙湖中的污染物得到了有效控制，入湖污染物得到了大幅削减。流域生态环境得到了明显改善，物种多样性也得到了保护，水质下降势头逐步被控制。此外，全民参与抚仙湖治理增强了当地居民的环境保护意识，保护抚仙湖的理念已经深入人心，按照这样的趋势发展，抚仙湖有望长期保持 I 类水的现状。

抚仙湖的治理取得了显著的成效，抚仙湖也成为澄江乃至玉溪市的旅游名片，旅游业健康、稳步发展，居民收入提高。同时，流域生态环境得到明显改善，水体生态稳定，物种多样性得到保护。环境保护走入学校、社区、村镇，促进了生态农业、生态旅游业的发展。

3.3 老挝 2020 年国家水资源战略

老挝的国土面积为 23.68 万 km^2，其中约 90% 位于湄公河流域。老挝水资源丰富，人均水资源为 55 000 m^3/a。湄公河年流量中约 35%（约 270 000 m^3）来自老挝境内的支流。

---

① 1 亩 =0.066 7 hm^2。

3.3.1 老挝 2020 年国家水资源战略愿景

老挝制定了 2020 年国家水资源战略。该战略的愿景为：协调、优化和可持续地开发及利用水资源，保护环境，改善社会福祉。

3.3.2 老挝 2020 年国家水资源战略任务

该战略任务主要包括：

①确保水资源的可持续发展和管理，尽量减少对水环境和社会的影响。

②系统、全面地规划水资源管理和保护以及水资源开发和利用，平衡生态、社会、经济效益。

③通过能力建设和利用当地资源，巩固各利益相关方的权益（包括水资源开发利用、管理权益），并提高利益相关方参与力度。

④确保公平用水，优先满足人的基本用水需求，共享与水资源供应和发展相关的利益。

3.3.3 老挝 2020 年国家水资源战略构成

该战略的 12 个组成部分如下：

①体制加强和协调；

②立法、计划和执行；

③流域和次级流域的规划；

④地下水管理；

⑤数据和信息管理；

⑥水的分配；

⑦保护水质和生态系统；

⑧湿地管理；

⑨洪水和干旱管理；

⑩风险管理和适应气候变化；

⑪水资源管理投融资；

⑫意识提升、公众参与和能力建设。

3.3.4 老挝水资源管理现状及关键问题

3.3.4.1 供水和卫生管理

国家公共卫生部环境卫生和供水中心（俗称“Nam Saat”）负责全国农村供水以及城乡环境卫生方面的管理。城市供水系统为省级政府所有，通过国有企业委托模式进行管理。Nam Saat 致力于提高公众的环境卫生认识，巩固社区所有权，鼓励公众参与农村供水和城乡环境卫生的规划与发展。

3.3.4.2 灌溉管理

老挝将灌溉列为高度优先事项，以确保主要农作物的生长。这是因为灌溉对该国主要农产品——大米的稳定和可持续生产有着十分重要的作用。政府重视灌溉基础设施的建设，对灌溉系统进行了大量投资，提高了农业生产效率。目前老挝旱季的灌溉面积约 30 万 hm^2。

3.3.4.3 洪水和暴雨管理

老挝的大部分城镇位于湄公河及其支流沿岸，由于雨季流量过多，容易发生洪水。以下是为解决洪水问题和管理暴雨而确定的一些措施：

①更具适用性的土地使用规划和土地使用条例；

②划定和保护洪水通道，设置防洪区；

③建设防洪堤坝；

④建设抽水站和雨水渠，目的是在洪水发生时起到缓解作用；

⑤建立洪水预警和应急管理系统。

3.3.4.4 水污染管理

为了有效地管理水污染，老挝制定并实施了一项能力建设计划，即建立中央和地方各级监测机制，促进水质和水生生态系统恢复，同时引导社区参与。实施流域和次流域水质监测试点项目，并制定了指导方针，该项目的具体内容包括确定水质监测点、开展水质管理在职培训等。截至目前，老挝已经在 8 个省确定了至少 144 个水质监测点，其他省份也正在为确定更多的水质监测点而努力。

3.4 缅甸 Inlay 湖生态状况评估

Inlay 湖是缅甸第二大天然淡水湖泊，因其文化意义和秀美景色而闻名。人口增长以及农业和旅游业快速发展对 Inlay 湖的生态环境产生了很大影响，鉴于此，Inlay 湖被选为研究案例，以期为综合水资源管理、机构建设和培训项目提供监测结果，并评估湖泊的生态状况，为湖泊贡献监测方案。Mjelde 等[①]基于欧盟水框架指令（EU WFD）中的生物指标和理化参数，

---

① Mjelde M，Ballot A，Eriksen T E，et al.，2017. Integrated Water Resources Management in Myanmar. Water usage and introduction to water quality criteria for lakes and rivers in Myanmar. Preliminary report [R]. Oslo: Norwegian Institute for Water Research.

确定了评估缅甸湖泊生态状况的首选方法。EU WFD 使用基于生态系统的生态水质标准对水质进行描述和分类，这是一种旨在保护、保存和改善水生环境的方法。EU WFD 要求对生物、物理化学以及水文形态等水质要素进行监测，将所有地表水体分为极好、好、中、坏和极坏五个生态状态。

受 EU WFD 的启发，缅甸国家水资源委员会于 2014 年通过了国家水框架指令（NWFD）。NWFD 是一个政策框架，提出了使缅甸水体的水质要素达到“好”的生态状态所需的七项原则。在这些原则中，第三项原则与 Inlay 湖生态状态评估相关性最高。

NWFD 第三项原则规定，地表水体的生态和化学状态评估应该基于以下指标：

①生物质量（鱼类、底栖无脊椎动物、水生植物）；

②水文形态质量，如河岸状况、河岸结构、河岸整治工程、河道连续性或基底；

③物理－化学质量，如温度、含氧量和营养条件；

④参照水体特定污染物的环境质量标准的化学质量。

这些标准规定了特定水污染物的最大浓度。只要有一项超过标准，水体就不会被归类为具有“好”的生态状态。

3.4.1　Inlay 湖概况

3.4.1.1　结构

Inlay 湖位于缅甸东部，长度约 18 km，宽度约 6 km。平均湖面面积为 116 km^2，雨季 150 km^2，旱季 100 km^2。该湖是浅水湖，最大深度在雨季为 5～6 m，旱季为 4 m，旱季平均深度约 1.5 m。该湖蓄水量约为 7.9 亿 m^3，年均总流量约为 11.32 亿 m^3。该湖所处区域的成土母质为石灰岩，湖水富含钙，呈碱性，pH＞8。

3.4.1.2 气候条件

缅甸大部分地区为热带气候（图 3-10），11 月至翌年 2 月为凉爽干燥的冬季，3—5 月为炎热干燥的夏季，6—10 月为雨季。年平均气温约为 23℃，夏季最高气温可达 35℃以上。年平均降水量约为 950 mm，降水多集中于雨季[①]。

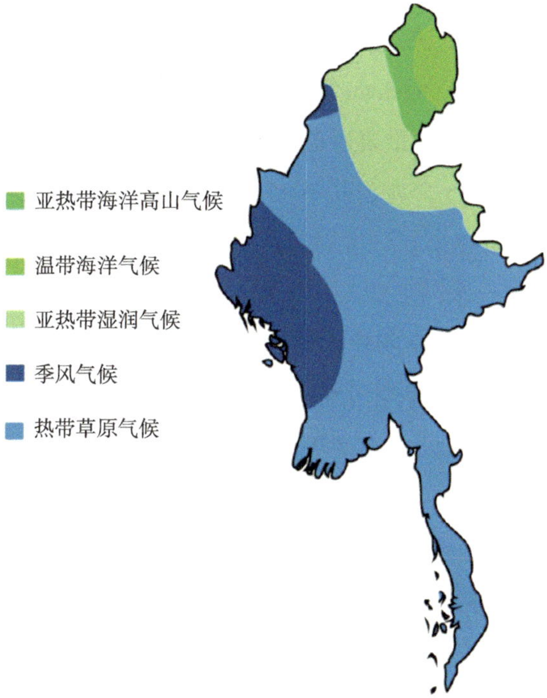

图 3-10　缅甸气候分区

3.4.1.3 流域内的主要产业及其对环境的影响

流域的森林砍伐面积很大，开放和封闭森林的覆盖率分别占 16% 和

---

① Akaishi F, Satake M, Otaki M, et al., 2006. Surface water quality and information about the environment surrounding Inlay Lake in Myanmar [J]. Limnology, 7 (1): 57–62.

7%，退化森林占流域面积的 30%①。森林砍伐是造成湖泊淤积量增加的主要原因。缅甸森林部已经启动了一项行动计划，包括保护天然林、建立种植园等举措。

Inlay 湖的主要业务是利用浮岛发展水上农业。例如，种植番茄的产量为每天 300 t 以上，每年的产量约 9 万 t（两个种植季节）②。在番茄种植过程中农民会使用肥料、杀虫剂等。

Inlay 湖地区的其他产业包括渔业、纺织业、编织业以及金银冶炼业。据世界粮农组织估计，Nyaungshwe 镇渔业的年产量为 550 ~ 650 t。此外，Inlay 湖也是周边城镇产品运输的重要通道。

Nyaungshwe 镇有 35 个村，其中 17 个村位于湖区内部，5 个村局部位于湖区，其余 13 个村都坐落在湖区周边。最新的统计数据显示，湖区周边的人口密度为 89 人 /km^2，水面上的人口密度为 386 人 /$km^2$①。该地区的许多厕所都是地面坑式厕所，有些厕所建在湖面上，粪便直接排入湖中。一些工厂虽有化粪池系统，但没有完善的污水处理设施。联合国开发计划署指出，1999 年，Nyaungshwe 镇 72% 的家庭使用不卫生的露天坑厕或没有厕所，致使未经处理的生活污水直接流入湖中。

Inlay 湖是缅甸的 3 个主要旅游目的地之一，每年吸引超过 30 万的游客，目前这一地区的旅馆住宿设施正在增加。

3.4.1.4 入湖河流及出湖河流

Inlay 湖主要有 4 条入湖河流，即 Nant Latt、Upper Belu、Ka Law 和 Ye Pae，出湖河流为 Belu（图 3-11）。大量的淤泥随河水被输送到湖中，除部分

① Ministry of Environmental Conservation & Forestry，2014. 5 years Action Plan for the Sustainability of Inle lake and Environmental Conservation in Myanmar［R］. Naypyidaw：Forest Department.

② The Institute of International Development，2012. Progress report：Inlay Lake，a plan for the future. In support of the Action Plan for Environmental Conservation and Sustainable Management of Inlay Lake 2010-2025 of the Ministry of Environmental Conservation & Forestry［R］. Naypyidaw：IID.

淤泥会被河流带走外，其中62%沉积在三角洲，20%沉积在沼泽和其他地区，1%沉积在湖中①。

表 3-1　部分入湖河流和 1 条出湖河流的流量和泥沙输入量

河流	流域面积 / km^2	入湖水量 / (m^3/a)	入湖泥沙量 / (t/a)	地表产流 / [m^3/(a·km^2)]	泥沙产出 / [t/(a·km^2)]
Nant Latt	1 149	505.5	10 400	439 948	91
Ye Pae	250	92.5	19 000	370 000	76
Ka Law	742	275.6	56 000	371 430	75
Belu	3 640	332.0	—	—	—

图 3-11　Inlay 湖部分入湖河流分布

① Furuichi T, 2008. Catchment Processes and Sedimentation in Lake Inlay, Southern Shan State, Myanmar [R]. Canberra: Australian National University.

3.4.2 研究材料和方法

3.4.2.1 取样点

Inlay 湖以密集生长的水生植物为主，理化性质和生物特性的取样方案也根据该湖的植物生长情况进行了相应调整。

作为第一个关于理化性质和生物特性的综合取样方案，在 Inlay 湖的不同地区选择了 3 个横断面，每个横断面有 4～5 个取样点。分别在 2014 年 11 月、2015 年 2 月和 11 月 3 个时间点，对所有取样点进行了水化学、浮游植物和水生大型植物调查。此外，还对 3 个取样点专门进行了水生大型植物取样（D1、E1 和 E2，见表 3-2）。取样点信息见表 3-2。

表 3-2　取样点信息

取样点	纬度 / (°)	经度 / (°)	取样要素	加密取样
A1	20,603837	96,8956	W, PP,AM	2014 年 11 月—2015 年 11 月
A2	20,602125	96,901859	W, PP,AM	
A3	20,593999	96,91322	W, PP,AM	2014 年 11 月—2015 年 11 月
A4	20,589542	96,919611	W, PP,AM	
A5	20,58426	96,927998	W, PP,AM	
B1	20,550628	96,935768	W, PP,AM	2014 年 11 月—2015 年 11 月
B2	20,553565	96,926082	W, PP,AM	
B3	20,557946	96,918544	W, PP,AM	2014 年 11 月—2015 年 11 月
B5	20,562589	96,902898	W, PP,AM	
C1	20,48066	96,895886	W, PP,AM	2014 年 11 月—2015 年 11 月
C2	20,477061	96,901475	W, PP,AM	
C3	20,473896	96,910144	W, PP,AM	2014 年 11 月—2015 年 11 月
C4	20,470792	96,913435	W, PP,AM	

取样点	纬度 / (°)	经度 / (°)	取样要素	加密取样
C5	20,47489	96,923759	W, PP,AM	2014 年 11 月—2015 年 11 月
D1	20,519588	96,923003	W, PP,AM	
E1	20,591895	96,878807	AM	
E2	20,592841	96,876751	AM	

注：W—Water Chemistry（水化学）；PP—Phytoplankton（浮游植物）；AM—Aquatic Macrophytes（水生大型植物）。

3.4.2.2　分析方法

参照欧盟水框架指令（EU WFD），该湖所有的取样和分析方法都依据 Mjelde 等[①]建议的方法。值得注意的是，欧盟的研究重点是生物要素的现状，而物理、化学性质则为水体的整体质量评估提供支撑，本案例关注的重点则是水体富营养化问题。

3.4.3　评估结果

3.4.3.1　Inlay 湖水质和形态

基于 Mjelde 等[①]提出的初步分类因子，根据形态和水化学数据，Inlay 湖可被定性为中海拔、较大、较浅、钙质、清澈的湖泊。

3.4.3.2　水化学状态

（1）季节变化

Inlay 湖是一个有 4 条流入河流的浅湖，湖水较清澈，而有些流入河流的浊度较高。Inlay 湖为钙质湖泊，平均钙含量约为 49 mg/L，平均色度约为

① Mjelde M, Ballot A, Eriksen T E, et al, 2017. Integrated Water Resources Management in Myanmar Water usage and introduction to water quality criteria for lakes and rivers in Myanmar Preliminary report［R］. Oslo: Norwegian Institute for Water Research.

17 mgPt/L，可被定性为清澈的湖泊。湖中的养分含量呈现出中营养－半富营养化的状态，在所调查的入湖河流中，磷和氮含量普遍较高。Inlay 湖物理化学性质数据见表 3-3。

表 3-3　Inlay 湖物理化学性质数据

2014—2015 年	水温 / ℃	pH	电导率 / (μS/cm)	浊度 / NTU	硅酸盐 / (μg/L)	TOC/ (mg /L)	钙 / (mg /L)
最小值	20.30	7.33	286	0.64	1 920	1.20	46.7
最大值	28.00	9.43	491	—	13 400	10.70	50.4
平均值	24.67	8.23	369	—	6 989	5.08	48.6

2014—2015 年	色度 / (mg Pt/L)	总磷 / (μgP/L)	磷酸盐 / (μgP/L)	总氮 / (μg /L)	NH_4–N (μg N/L)	铵态氮＋硝态氮 / (μg N/L)	氯 / (mg/L)	硫酸盐 / (mg/L)
最小值	16.7	3	1.0	290.0	26.0	3.0	6.4	2.9
最大值	16.7	122	15.0	810.0	75.0	286.0	6.4	3.4
平均值	16.7	17.1	3.6	478.3	40.2	33.8	6.4	3.2

入湖河流将总固体悬浮物（TSS）运输到湖中，同时也会将附着的无机态和有机态物质带入湖中。本研究测量的 TSS 为 48 ~ 149 g/m^3。

（2）物理化学参数的分级

EU WFD 的主要焦点是生物要素的现状。然而，物理、化学性质也是衡量水质的重要标准，被用于检测河流和湖泊所受到的主要压力。

富营养化是 Inlay 湖可能受到的主要影响之一。因此，本案例重点关注营养物浓度，并以总氮（TN）、铵盐（NH_4^+）和总磷（TP）为参数，对支撑生物特性的物理、化学性质参数进行分级。因为湖水很浅，深度和氧气含量与富营养化的相关性不大。

①总氮

2014—2015年，在大部分地区测得的总氮（TN）浓度较低。位于湖心的采样点A3、B3和C3浓度等级为中等或较低，位于湖岸附近的其他采样点的TN浓度等级较高，这清楚地反映了来自浮岛和村庄的肥料和废水对湖水水质的影响，并且大部分的养分不能被浮游植物吸收。

②铵态氮

各采样点铵态氮含量的变化趋势与总氮含量的类似，只有采样点A4的铵盐浓度较高。北部的流入河流Ye Pae的铵盐浓度较高，其他3条河流的铵盐浓度较低。

③总磷

总磷（TP）浓度在Inlay湖大部分取样点较低，采样点A2、A3、A4和B2、B3是极好或好的生态状态。所有近岸的采样点和C断面中的采样点有较高的TP浓度，这种现象在湖的南部尤为明显，原因可能是受浮岛和乡村生活废水流入的影响。

湖底的沉积层和覆盖湖底的大型水生植物中储存了更多的TP，入湖河流正在把更多的TP运进湖里。所有被调查的河流TP浓度都较高，这些河流的生态健康状态是中等或较差。TP浓度高主要源于集水区的侵蚀和化肥使用，以及居民点的废水直排。

3.4.3.3 浮游植物

（1）物种多样性及丰度

浮游植物的组成和生物量受营养物，特别是磷和含氮化合物的影响。对位于3个选定断面中心的3个采样点A3、B3和C3进行了浮游植物组成及其丰度分析（图3-12）。在2014年11月、2015年2月和2015年11月的3次实地取样期间，在取样点A3、B3和C3共确定了140个浮游植物种群。由于种群数量仅能在物种水平上进行确认，所以在 Inlay 湖中存在的种群数量应该更高。浮游植物的生物量在 0.44 ~ 1.85 mg/L，这表明湖内浮游植物的健康状态良好或中等。

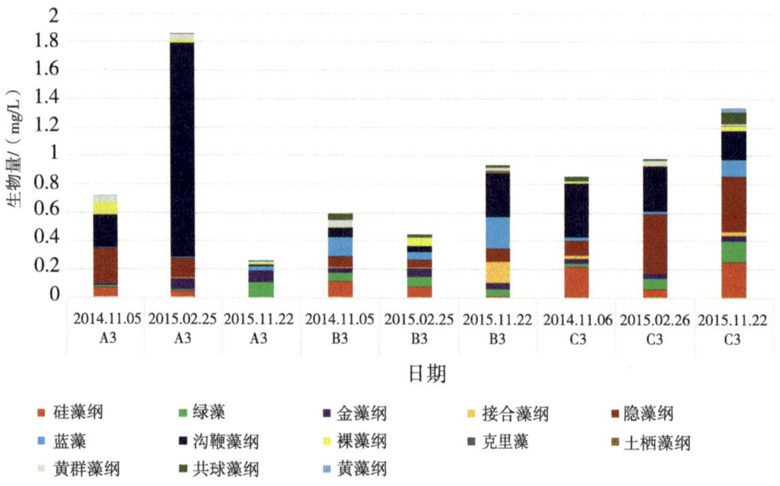

图 3-12　2014 年和 2015 年在 3 个取样点的浮游植物组成和生物量

在 A3 和 C3 取样点，硅藻（硅藻纲）、隐藻纲是主要的群体。绿藻（叶绿素）在 B3 和 C3 的含量相对较高。蓝藻存在于所有取样点，但只有在 B3 和 C3 两个取样点表现出较高的生物量。但蓝藻的生物量一直处于一定范围内，表明其水质良好，值得注意的是，在 3 个取样点都发现了少量的蓝藻种——微蓝藻。采用酶联免疫吸附法，从 Inlay 湖中分离出的绿脓杆菌培养体中鉴定出肝毒微囊素。

2014 年和 2015 年 Inlay 湖的营养物浓度表明，浮游植物的潜在毒性蓝藻可能出现更广泛的生长。

Inlay 湖是一个非常浅，且清澈的湖泊，有利于水生植物的茂盛生长。水生植物与浮游植物会争夺可利用的养分，从而抑制蓝藻等浮游植物的大量生长。从 Inlay 湖中移除水生大型植物可能会导致浮游植物的疯长，并对湖泊水质产生非常不利的影响。

（2）Inlay 湖的浮游植物生态状况

根据浮游植物的生物量和组成、营养指数 PTI（无叶绿素），得出了 2014 年和 2015 年 Inlay 湖的生态状况。在 2014 年 11 月和 2015 年 2 月，根据 A3、B3 和 C3 这 3 个中央采样点的浮游植物状态，Inlay 湖中采样点生态状态都可以被归类为“好”。然而，2015 年 11 月，这三个采样点的生态状态为“中等”，这表明 2015 年 Inlay 湖水质恶化。

这是因为 Inlay 湖以水生大型植物的密集生长为主，极有可能将大量可利用的养分（TN 和 TP）储存在水生大型植物中，从而抑制浮游植物的生长。2014 年和 2015 年在湖中发现的相对较低的浮游植物生物群，可能与大量的水生大型植物的生长有关。如果没有大型水生植物，浮游植物的生物量很可能要高得多，从而导致对 Inlay 湖的生态状态评价较差。

3.4.3.4 水生大型植物

（1）物种多样性、频率和丰度

与欧洲和亚洲其他大小、类型相近的湖泊相比，Inlay 湖中水生大型植物的物种多样性较高。2014—2015 年，湖中共有 25 种水生大型植物。物种的频率和丰度会随季节和年份的变化而变化。然而，在不同年份和季节里，虾子草、光叶眼子菜和凤眼莲等水生大型植物都占主导地位。

在温带地区，大多数水生大型植物的生长季节只有 6 ~ 7 个月，而在剩余的时间里，气候往往无法支持大型植物的生长，所以在这些地区，每年进行一次调查就足以全面了解水生大型植物的多样性和丰度。而在热带地区，气候全年适宜水生大型植物生长，物种在不同季节之间可能有所不同，有些较为罕见的物种在一年的部分时间内不存在或丰度较小。为了更好地了解热带富营养化湖泊中水生大型植物的多样性和丰度，有必要每年进行两次调查，并连续几年进行调查。

（2）Inlay 湖的水生大型植物生态现状

①生态状态等级

根据对缅甸物种进行的初步敏感性分析，以及 EU WFD 的生态状态等级分类，Inlay 湖中水生大型植物的生态状态为“较差”。从 2014 年 11 月到 2015 年 11 月，情况稍有恶化，但仍然处于同一水平。

这是因为，湖中的水生大型植物是由耐受性的物种主导的，据此得出生态状态为“较差”的结论。但这个指数的结果是不确定的，因为它是基于初步的物种敏感性和 EU WFD 的分级得出，如果将这一分级应用于缅甸 Inlay 湖评估，则需要进一步提高物种的敏感度，并确定专门针对缅甸湖泊的评估方式。

②相对丰度指数

根据建议的相对丰度指标，2014 年 11 月湖中大型水生植物的状况被评为“较差”，2015 年 2 月和 11 月为中等。

相对丰度指数包括敏感型的轮藻类群（Charophytes）和耐受性的浮萍（Lemnids）。相对丰度指数是对这些生命体群体的敏感性的总体体现，这使得相对丰度指数比 EU WFD 生态状态等级分类更具代表性，更适合缅甸湖泊现阶段的评估。但是，如果选择了这个指数或类似的指数，就必须进一步开发，并专门为缅甸湖泊评估划定边界参数。

③淹没植物覆盖指数

根据淹没的大型植物覆盖度，在所有取样期内，湖内水生大型植物的状况被列为良好状态。

特别是在 Inlay 湖这样的浅湖中，大型淹没植物对于保持清澈的水体状态非常重要。由于湖水的养分输入量很高，大型淹没植物覆盖度的减少将导致浮游植物生物量的增加和水质清晰度的降低。对于浅水湖泊，建议使用水下覆盖指数，可以与雷达指数相结合。同样，如果选择了这个指数，就必须对其进行评估，并专门为缅甸湖泊划定边界。

3.5 泰国 2015 年河流生态健康监测

湄公河及其支流的水生资源对于生活在湄公河流域下游的大部分人的生计至关重要，保持河流的生态健康是自然资源可持续管理的基础。湄公河委员会（MRC）计划自 2003 年起采用生物指数监测湄公河水系的生态健康状况。本案例介绍了 2015 年泰国的生态监测实地调查活动。2015 年，MRC 对现有的水文和水质进行了系统监测。通常，这些活动是以监测物理化学参数为基础的，但从 2003 年起，MRC 计划将这一系统纳入湄公河委员会及其业务机构的活动。湄公河委员会和相关机构的代表与泰国专家和国际顾问一起制定了一个方案，并为 EHM（生态健康监测）选择了适当的方法和程序。

3.5.1 生态健康监测目的

①利用 MRC 2010 年出版的生物监测手册所衍生的方法和协议，为生物监测收集样本。

②确定取样地点的物理和化学参数作为生态健康的评价因子。

3.5.2 监测方法

3.5.2.1 采样点

采样地点是根据 2004—2007 年、2008 年、2011 年和 2013 年的采样地点选定的，泰国东北部的新取样地点是在 2008 年、2011 年和 2013 年添加的。这些地点集中在泰国北部和东北部的湄公河及其主要支流上。有少数研究点位于或靠近村庄或城镇，有的在农场和牧场旁边，有的在水坝和堤坝的上游或下游，有的在中下游，有的在河流航行路线上。采样点共包括北部的 2 个取样点和东北部的 6 个取样点。2015 年 3 月 31 日—4 月 9 日对所有 8 个取样点进行了取样。

3.5.2.2 现场调查

（1）物理和化学参数测量

描述物理和化学环境的变量为描述水生生态系统健康提供了基本信息，因为这些因素直接影响生态系统生物成分的结构和功能。物理和化学变量被广泛用于制定水质标准，并可用于协助解释生物变化趋势和模式。在每个取样点，在河流的 3 个部分（左岸附近，右岸附近以及河的中心）进行了水质测量。

使用 Secchi 盘来测定水的透明度。盘被慢慢地沉入水中，并记录它看不见时的深度。然后将圆盘继续下沉 1 m，再慢慢地拉了起来，直到它再次出现。如果它再次出现的深度与消失时的深度误差超过 0.05 m，则重复这一过程。

在水表面利用 HACH2100p 浊度计测量了水的浑浊度，水表的浑浊度为 2 100 p。使用 YSI 556MP5 测量了温度、溶解氧（DO）、电导率（EC）、pH 等值。读数是水面上进行，以较小者为准。

（2）底栖藻类

每 10 m 设置一个采样点，共设置 10 个采样点。在每一采样点上有薄的褐色薄膜覆盖的光滑石头。对没有石头的采样点，可在临近的坚硬底层进行取样。为了对硅藻进行取样，在选定的石头或其他硬质基底表面放置一块 10 cm^2 的方孔塑料片，将方孔中底栖硅藻完全刷洗下后放入塑料碗中。每个样本都被转移到一个塑料容器中并用卢戈氏溶液保存，贴上站点名称、位置代码、日期和重复数的标签，并记录采集者的姓名和基底类型。

（3）浮游动物

在每个采样点收集 3 个样本，1 个是在河的左岸附近，离岸边 4 ~ 5 m 远，另外一个样本是在离右岸相似的距离上采集，第 3 个在河的中央。样品采集时要离动植物残骸和水生植物等可能受到污染的物质至少 1 m，采样点距离河底部至少 2 m 的距离。在水流过快而无法在河流中央准确取样的地方，样本的采集可以靠近岸边，但要与河岸采样点保持一定距离。定量样品是在 0.5 m 水深范围内收集 10 L 水，收集到的 10 L 河水通过浮游生物网（网目大小为 20 μm）缓慢过滤，在此过程中要避免任何溢流。当网中剩余的水量约为 150 mL 时，将水快速转移到一个塑料罐（250 mL）中，并在现场将样品与 4% 的甲醛进行混合。样品罐的标签上标明取样点名称、取样点代号、取样位置、取样日期和样品编号。

（4）沿岸大型无脊椎动物

在每个取样点，沿岸大型脊椎动物的样本通常只在河流的沉积一侧采集。由于在大多数情况下侵蚀面底部更陡，动物在沉积一侧底部逐渐聚集，所以取样比较容易。此外，沉积侧倾向于支持更多的水生植被，这也为大型无脊椎动物提供了更多适合的栖息地。由于研究区域较大，因此对沿岸生境类型进行了广泛的取样。在每个取样点尽可能选择类似的生境，以便于在不同取样点之间进行比较。使用 30 cm × 20 cm 开口的 D 框网，网目大小为 475 μm。采集者沿岸每隔 20 m 采集一个样品，采集者站在离岸边约 1.5 m 处将网向岸边扫描 10 次。每次扫描都是在水深不小于 1.5 m 的水中进行，并且要避免重叠扫描，每个地点采集 10 个扫描样本。

样品收集后，将网内物质冲洗到网底，将网内的物质倒到一个金属分类盘里，任何粘在网上的材料都要用干净的水冲洗下来。无脊椎动物用钳子从托盘中取出，放入盛放 90% 乙醇的罐子中。小样本保存在 30 mL 的罐子里，大样本保存在 150 mL 的罐子里。在采集过程中，托盘不时被摇动以重新分配内装物，偶尔倾斜以寻找附着的动物。在托盘上反复工作，确保不会遗漏动物。样品罐贴上现场定位码、日期和样品重复数的标签。采集器的名称、取样地点和重复数（包括取样的河底类型）都要在现场做好记录。

（5）底栖大型无脊椎动物

在每个取样地点，用覆盖面积为 0.1 m^2 的 Petersen 抓斗取样器采集 4 个样本的混合样。如果因为木头、竹子、大型水草或石头之类的材料阻碍了抓捕过程，则需要重新采集样品。样品将通过 0.3 mm 筛子清洗，并注意确保大型无脊椎动物不会逃逸。然后将筛子的内装物放入白色的分拣盘中，分拣盘中的所有动物都是用钳子和吸管取出来放到罐子里，用甲醛固定。样品罐的标签上需注明站点名称、位置代码、日期、在河流中的位置和取样次数。现场记录取样位置条件和采集者姓名。

3.5.3 监测结果

3.5.3.1 环境变量

环境变量在不同采样点变异性较大，不同地点的水温略有不同，在 21.03～32.63℃，河流上游主河道的水温较低。TCS 的取样点所测得水温与 2013 年及 2011 年所测结果接近，记录的最低值为 21.03℃。TNK 和 TUN 的气温较高，Nam Kham 河和 Mun 河最高水温为 32.0℃。所有取样地点的平均溶解氧质量浓度略高于先前的调查。与通常报告的热带流动水域相比，实际数值一般为中等或较高，为 6.33～8.95 mg/L。在湄公河 Chiang San 段，记录的最高质量浓度值为 8.95 mg/L，最低值出现在 Mun 河，TMU 采样点的值为 6.33 mg/L。大多数采样点的水为中性，pH 为 7.36～8.53，pH 最高值和最低值与之前在 2011 年和 2013 年的监测结果相似。Kok（TKO）河的 pH 最高纪录为 8.53，Nam Kam（TNK）的 pH 最低纪录为 7.36。电导率数值为 87.57～424.10 μS/cm 不等。在 TUN 采样点的电导率最高，为 424.10 μS/cm；而在 Mun 河（TMU）测得的电导率最低，为 87.57 μS/cm。

取样地点的环境变量数值大多在该区域地表水的预期自然范围之内。溶解氧浓度值的观测结果比先前的观测结果略高，溶解氧浓度值的平均值与 2011 年和 2013 年的观测结果相比略有上升。2011 年和 2013 年的两次调查都是在3月和5月进行的，与此次调查的时间相同。此次调查所得的Secchi深度数值较高，说明浊度较高。另外，湄公河干流水位与旱季正常水位相比略有上升。水体也呈现出高浊度和低温的现象，在湄公河上游干流TCS采样点尤其明显。就总体结果而言，这些参数值在泰国、越南和柬埔寨地表水质量标准范围之内，依据泰国的水质标准，可划归为2~3级①。2015年环境健康监测所得环境质量参数见表3-4。

表3-4　2015年环境健康监测所得环境质量参数

采样点	采样位置	采样深度/m	Secchi深度/m	温度/℃	溶解氧质量浓度/(mg/L)	pH	电导率/(μS/cm)
TNP	左岸	2.45	0.31	27.83	6.95	7.72	259.33
	河中	3.07	0.28	28.03	7.28	7.77	252.67
	右岸	1.90	0.30	27.50	7.04	7.55	271.40
TSM	左岸	0.34	0.33	27.87	7.70	8.18	259.83
	河中	0.83	0.35	27.80	7.32	8.03	245.93
	右岸	1.53	0.39	28.07	6.98	8.16	288.03
TNK	左岸	0.50	0.50	31.43	6.93	7.47	297.53
	河中	1.60	1.53	31.77	6.91	7.48	296.93
	右岸	1.27	1.27	32.10	7.17	7.36	296.03
TMU	左岸	2.10	1.92	31.10	6.47	7.50	87.99
	河中	6.00	2.43	31.00	6.33	7.45	87.57
	右岸	2.90	1.90	31.47	6.70	7.67	87.57
TKC	左岸	3.88	0.68	28.83	7.06	8.42	248.27
	河中	6.00	0.87	28.73	7.11	8.16	241.97
	右岸	9.00	0.74	28.33	7.08	8.53	241.60

① MRC，2005. Integrated water quality management report No. 1 [R]. Vientiane：Mekong River Commission.

采样点	采样位置	采样深度 /m	Secchi 深度 /m	温度 / ℃	溶解氧质量浓度 /（mg/L）	pH	电导率 /（μS/cm）
TUN	左岸	3.35	1.20	31.77	7.75	7.78	420.77
	河中	5.60	1.42	31.83	7.88	7.99	424.10
	右岸	1.71	1.21	32.63	8.95	8.49	418.10
TCS	左岸	0.98	0.61	21.03	8.31	8.27	312.70
	河中	3.42	0.88	21.10	8.11	7.62	311.17
	右岸	1.50	0.90	21.83	7.57	8.24	295.60
TKO	左岸	0.40	0.40	26.47	7.31	7.73	140.63
	河中	1.00	0.97	27.07	7.21	7.76	116.40
	右岸	0.42	0.42	26.60	7.08	7.49	123.73

3.5.3.2 生物参数

（1）底栖硅藻

在 8 个采样点中共采集到了 116 种底栖硅藻，舟形桥弯藻（*Cymbella turgidula*）、小环藻属（*Cyclotella* spp.）和异极藻属（*Gomphonema* spp.）是所有采样点中数量最多和分布范围最广的。

①丰度（分类群数量）。

泰国采样点的物种丰度为 9.5 ~ 19.6，TMU 采样点丰度最高为 19.6，TNP 采样点的丰度最低为 9.5。

②多度。

在取样地点，硅藻的平均密度为 404 ~ 3 830 个细胞 /cm^2。多度最高的是在 TKO 采样点（3 830 个细胞 /cm^2），而多度最低的是在 Ubonrachatani 的 Mun 河采样点（404 个细胞 /cm^2），此处基质几乎都是坚硬的泥土和沙子。

（2）浮游动物

在 8 个地点共采集了 30 种 1 126 个浮游动物个体，与 2011 年和 2013 年的研究相比，浮游动物的数量和丰富度显著下降。龟甲轮虫属（*Keratella* spp.），桡足亚纲（Copepoda）的数量最多和分布范围最广。

①丰度。

2015 年各采样点的物种丰度为 1.3 ~ 14.7。最高的丰度出现在 TUN 采样点（14.7），TSM 采样点的浮游动物的丰度最低（1.3）。湄公河干流的高浊度可能会影响浮游动物的分布，例如 TNP、TSM、TKC 和 TCS 站点与 2013 年的结果相比，浮游动物的丰度显著下降。

②多度。

来自 8 个采样点的浮游动物平均多度为 3 ~ 166。最高的多度出现在 TMU 采样点（166），而最低的多度则出现在湄公河的 TSM 和 TKC 采样点。与 2013 年的研究相比，浮游动物的数量明显减少。

（3）沿岸大型无脊椎动物

8 个采样点共收集到 173 种 15 041 个动物个体，二翅蜉属（*Cloeon* sp.）、米虾（*Caridina* sp.）是在 2013 年和 2015 年两次调查中在所有站点都有分布的物种。

①丰度（分类群数量）。

所有采样点的丰度值为 3.9 ~ 23.4，最高值出现在 TNK 采样点，最低值出现在 TCS 采样点，整体的丰度与 2013 年相比有了一定的提高。

②多度。

所有采样点的多度分布为 7 ~ 662，最高值出现在 TUN 采样点，最低值出现在湄公河的 TCS 采样点，从 2011 年开始，TCS 采样点的沿岸大型无脊椎动物的多度就是最低的，这个采样点具有高流速和高浊度。整体来看物种多度还是呈轻微的增加趋势。

（4）底栖大型无脊椎动物

8 个采样点在 2015 年共收集到了 109 种 6 368 个底栖大型无脊椎动物。拟黑螺、狭口螺、摇蚊和蚬是所有取样地点都有分布的物种。

①丰度（分类群数量）。

2015年各采样点的物种丰度值为10.3～27.4。丰度最高的是TKO采样点（24.7），丰度最低出现在TCS采样点（10.3）。自2011年以来，TCS采样点的底栖大型脊椎动物最少，该采样点的河床为沙质和泥质，水体流动速度较快。

②多度。

2015年各采样点底栖生物的平均多度值为65～545，最大的多度值出现在TNP采样点（545个），该采样点具有适合底栖动物生长的柔软基质，如泥土、沙砾和砾石。另外，湄公河TCS采样点的丰度值最低。与先前的调查相比，底栖生物的分布明显增加。

3.6 越南洪水和盐水入侵管理

3.6.1 越南湄公河三角洲水环境现状

位于越南的湄公河三角洲地区是湄公河最终入海的地方。越南湄公河流域的流域面积为6.5万hm^2。三角洲有400万hm^2的耕地，可供将近1 800万越南居民（约占全国人口的22%）耕种，湄公河三角洲代表着农业和水产养殖的巨大潜力（图3-13）。

湄公河三角洲的河网相当复杂，有9个河口和一个密集的运河网络。湄公河在金边以西与Tonle Sap河交汇，然后分裂成Tien河和Hau河。接着湄公河流经越南边境。尤其是从柬埔寨的Tonle Sap河到越南入海口，三角洲在汛期大部分都被水覆盖。Tien河分为6条支流，Hau河分为3条支流，它们共同形成了越南语言中所称的“九龙”（Cuu Long）。Tan Chau河的河流流量比Chau Doc河大3～5倍。Tan Chau河和Chau Doc河在下游20 km处的Vam Nao河连接起来，将河水从Tien河输送到Hau河，从而增加了该点下游的流量。

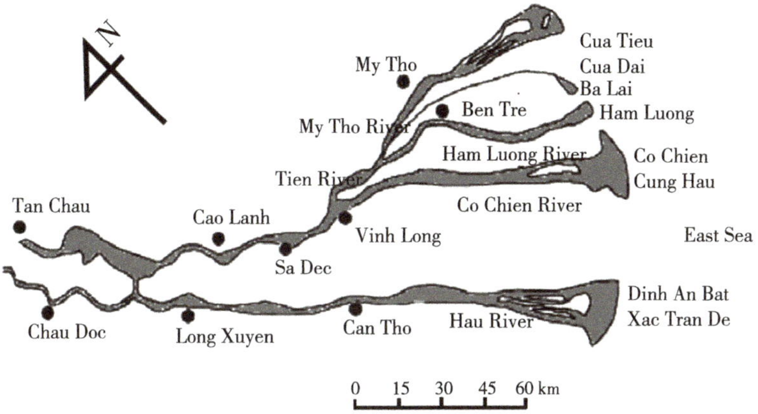

图 3-13 越南境内湄公河及其 9 条支流

湄公河三角洲是一片广阔的洪泛平原，海拔 0～4 m，它是由上游的侵蚀沉积物在下游沉积形成。在过去的 300 年里湄公河三角洲建造了一个广泛的运河网。这些河网包括 7 000 km 的主要运河，4 000 km 的农场辅助运河系统，以及超过 20 000 km 的保护堤坝，堤坝主要用来防止早期洪水[①]。

2000 年，农业耕作面积占湄公河三角洲总面积的 85%。在过去的 20 年里，由于灌溉和排水系统的扩张和密度的增加，可耕地面积迅速增长。1976—1990 年，三角洲的农业面积增加了大约 20%，粮食总产量翻了一番[②]。1995—1999 年，水稻种植面积每年增加 10 万 hm^2[③]。1993 年，三角洲有 240 万 hm^2 的水稻种植，约占越南水稻产量的 50%[④]。种植面积由 1995 年的 3 210 800 hm^2 增至 2005 年的 3 861 200 hm^2。同时，水稻产量从 1995 年的

① Ministry of Agriculture and Rural Development，Government of Vietnam，2003. Atlas of Some Selected Hydraulic Works of Vietnam [R]. Hanoi：MARD.

② http://120.52.51.17/s3.amazonaws.com/zanran_storage/www.geo.vu.nl/ContentPages/951434.pdf.

③ Tuan LA，Wyseure G，Viet LH，et al，2004. Water Quality Management for Irrigation in the Mekong River Delta，Vietnam [J]. International Conference on Agricultural Engineering.

④ https：//trove.nla.gov.au/work/21484964?q&versionId=25738823.

1 283.17 万 t 增加到 2006 年的 1 929.85 万 t[①]。1985 年越南还是大米净进口国，但 1989 年大米净出口量就已达到 140 万 t，1999 年出口量高达 460 万 t，湄公河三角洲出产的大米占到越南大米总出口的 90% 以上。

2006 年三角洲的人口总数估计接近 1 800 万人，他们贡献了越南 50% 以上的粮食生产和 60% 的鱼虾生产[②]。通常情况下，人们沿着河流和运河堤岸定居，创造了河川文明。传统的生活方式以密集的河流用水为基础，从运输和商业到灌溉、水产养殖和渔业以及家庭和工业用水。湄公河三角洲的农民非常适应湄公河水势的变化，并采用可持续的生产技术。与其他亚洲国家（中亚、东北亚地区）相比，湄公河三角洲水资源的人均年径流量非常高，至少是其他地区的 4 倍，根据 1990 年的数据，人均年径流量约为 3.5 万 m^3[③]。

每年从 7 月到 12 月，湄公河的洪水和当地的降雨淹没了三角洲的大部分地区。由于热带季风的影响，洪水的流量是旱季流量的 25 ~ 30 倍[④]。在湄公河三角洲西北部，距离入海口 200 ~ 250 km 处，Long Xuyen 地区（主要覆盖 An Giang 省）和 Reeds 平原（Dong Thap 和 Long An 省）排水条件较差，淹没时间长达 4 ~ 6 个月。在旱季，湄公河流量较低，加之地下水位较低，导致水稻种植和生活饮用水严重短缺。在过去的 15 年里，旱季水稻的大量种植（现在湄公河三角洲的旱季水稻种植面积达到 380 万 hm^2，是其他湄公河下游国家旱季水稻种植面积总和的 3 倍多）导致了水资源短缺，并导致更多的盐水入侵。靠近入海口时，河流宽度逐渐扩大，流速逐渐减小。来自南

---

① Vietnam General Statistics Office Website，2007. Production of paddy by province.

② Minh LQ，2000. Environmental Governance：A Mekong Delta case study with downstream perspectives [D]. Can Tho：Can Tho University.

③ Can LT，2000. Vietnam，a Country of the Mekong Sub-Region with its Water Resources and Dams. Hanoi，Vietnam：The Fourth Regional Consultation of the World Commission on Dams in Hanoi，26-27 Feb. 2000.

④ Ojendal J，2000. Sharing the Good-Models of Managing Water Resources in the Lower Mekong River Basin [D]. Gothenburg：University of Gothenburg：297p.

中国海和泰国湾的盐水会流入干流，对整个湄公河三角洲的两个区域产生影响：

①从 Vam Co 河流经 Hau 河的东部沿海地区，受影响总面积 78 万 hm^2；

② Ca Mau 半岛，受影响面积 126 万 $hm^2$①，该区域占三角洲全部可耕地的 1/3～1/2。

本案例的目的是从大量有关这一主题的出版物中，回顾和分析关于湄公河三角洲洪水和盐度入侵的知识现状，包括确定其原因和影响以及专家们研究预测其趋势。案例还总结了对洪水和盐水入侵采取的应对措施，评估了措施的有效性，以及洪水和盐水入侵的成因。最后，本案例旨在确定一些关键的研究领域，这些领域可能有助于规划和决策，以便更有效地预防和缓解三角洲地区的洪水和盐水入侵。

一般来说，有 2 个水量问题和 3 个主要水质问题是限制农业生产的主要因素，它们也影响着三角洲地区的人类健康②：

①盐水入侵：大约 210 万 hm^2 的湄公河三角洲沿海地区（50%）在旱季（12 月至 5 月）受到盐水入侵的影响。

②洪水：在雨季，湄公河的流量平均为 39 000 m^3/s。来自上游的高流量，加上来自海洋的高降雨量和高潮差，导致湄公河三角洲的高洪水。三角洲西南部有 120 万～190 万 hm^2 的地区每年遭受洪水侵袭。

③酸性土壤：大面积的土地都属于含铁量高的土壤，覆盖了湄公河三角洲的 160 万 hm^2（40%）的土地。

④水污染：湄公河正面临越来越多的来自农业和工业化学品以及未经处

① Can Tho University（CTU）and DANIDA，1996. Flood Forecasting and Damage Reduction Study in the Mekong Delta [R]. Can Tho：Can Tho University.

② Tuan LA，Wyseure G，Viet LH，2004. Sustainable Water Management for Rural Development in the Mekong River Delta，Vietnam [J]. The Second International Symposium on Southeast Asian Water Environment，12：1-3.

理的生活污水的污染，水污染严重威胁着公共卫生和社会经济发展。

⑤淡水短缺：在旱季，湄公河的平均流量低于 2 500 m^3/s，甚至低至 1 700 m^3/s，一些地方地下水位下降 2～3 m。在旱季，灌溉用水短缺影响到近 150 万 hm^2 的可耕地。

3.6.2 三角洲洪水和盐水入侵管理

根据湄公河委员会[①②]的洪水管理和缓解方案，将开发改进的预警系统作为该地区的最高优先事项[③]。目前，农业和农村发展部（MARD）对水资源的规划和管理负有很大的责任。农业和农村发展部下设的南方水资源规划研究所（SIWRP）和南方水资源研究所（SIWRR）是湄公河三角洲水资源管理问题的主要研究机构。在省一级，由省农业和农村发展司（DARD）、省人民委员会下属的水资源管理部门负责省、区和农村的水资源管理。水务工程经批准后，由水务监理机构负责施工和管理。

所有水文气象资料均由水文气象总办事处监测和处理，进行洪水预报。主要防洪工程，如防洪闸、排水渠或防洪堤等，均由农业和农村发展部（MARD）进行勘测、设计、审批及监督。建成后，由省级部门负责管理和使用，区、乡两级地方政府负责维护，农民可以向当地官员提出要求和意见。非结构性措施由省级决策和非政府组织支持实施。

人民通过大众媒体（电视、广播和报纸）以及省、区和社区人民委员会的公告获得洪水和风暴信息。在中央政府内，国家防灾、搜救委员会对指导

① Mekong River Commission Secretariat [MRCS]，2001. Consultation workshop on formulation of a regional strategy for flood management and mitigation in the Mekong River Basin [R]. Phnom Penh：Mekong River Commission（MRC）.

② Mekong River Commission Secretariat [MRCS]，2002. International expert meeting on early warning for the Mekong River Proceedings [R]. Phnom Penh：Mekong River Commission.

③ Plate EJ，Insisiengmay T，2002. Early Warning System for the Mekong River [M] // Wu et al，Keynote Lecture Flood Defence. New York：Science Press.

国家和地方灾害活动负有最高责任，低级别管理人员有责任在当地采取行动。位于胡志明市的南部地区水文气象中心，通过其水文气象台站网络，在监测和预报天气和水文形势的变化方面发挥着重要作用。其他信息来源包括湄公河秘书处（通过无线电发射机从湄公河上游收集的水数据）、互联网和附近国家的天气预报中心。据 Apirumanikul[①]（2002）称，在汛期（6 月至 10 月），对湄公河干流地区的 19 个站点进行五天洪水预报和流量预报，并在 http://www.mrcmekong.org 进行每日更新，同时在旱季（11 月至 5 月）提供 7 天的河流监测数据。

为了解水量和水质随时间的变化，必须对湄公河这样复杂的河流和运河系统进行建模，计算机建模作为一种强有力的水资源工程工具得到了广泛的应用。在许多情况下，模型可以用来估计湄公河三角洲的极端洪水或严重的盐水入侵，以协助水资源的规划和管理决策。自 20 世纪 60 年代以来，在湄公河流域水文计算中应用了许多数学模型，以模拟短期洪水和盐水入侵控制的各种替代办法，并预测水文状况的变化对水质的影响。关于湄公河流域洪水管理和减灾的更多信息可以参考技术会议三：洪水预报和河流建模（1999 年）。这些数据和信息有助于制定减少湄公河三角洲人民生命和财产损失的战略。

建模过程中，收集和处理常规的水文和气象数据是一项既昂贵又困难的任务[②]。在流体力学模型中，所使用的流动数据涉及物理数据，如河流和运河的横断面、河岸和农田。这些数学模型的目标之一是更好地描述洪水在洪泛

---

① Apirumanekul C，2002. Management Issues in the Planning and Implementation of Flood Forecasting and Disaster Reduction Projects in an International River Basin [R]. Phnom Penh：Mekong River Commission，Regional Flood Management and Mitigation Centre.

② Piper B S，Gustard A，Green CS，et al，1991. Water Resource Developments and Flow Regimes on the Mekong River Proceedings of the Vienna Symposium：Hydrology for the Water Management of Large River Basin [J]. Internationa / Association of Hydrolapica / Sciences，8：201.

平原上的传播、洪泛平原和河道之间的水交换、地形和基础设施对洪水的影响、形态变化和河岸侵蚀潜力以及随着时间的推移而发生的变化。在湄公河及其支流河床坡度小以及两种潮汐的复杂影响下，整个系统的盐水入侵问题使得建模变得复杂。

其中一些模型模拟的结果可作为制定区域战略和行动计划的技术先决条件，可为脆弱农业部门预防洪水损失和管理盐水入侵做好准备。随着河流监测站点数量的增加和监测频率的提高以及更强大的计算机系统的应用，模型开发人员正在改进现有模型并使其适应长期洪水和盐水入侵预测。

3.6.2.1 洪水管理

近年来，随着堤坝建设和灌溉系统的建成并投入使用，三角洲地区的人民为防洪做好了准备。此外，还开展了旨在减少儿童伤亡的公众意识提高活动。全部防洪堤坝或部分防洪堤坝可起到保护作物的作用，由于夏季和秋季的水稻作物通常是在洪水发生之前收获，因此作物损失很小。

“避免洪水、与洪水共存和控制洪水”[①]一语体现了减少洪水风险和保持洪水效益以促进可持续发展的行动计划。根据这一格言：

①“避免洪水”是次要的替代方案，主要是在洪水发生时发出预警并在水位高时将当地居民从洪泛区疏散。

②“与洪水共存”是适应洪水以保护人类生命和财产、为当地人民维持安全和可持续的住房以及维持社会保障的综合解决办法。

③“控制洪水”包括基础设施工程，以保护农业生产的稳定性，增加土地使用系数，并确保当地人民的安全。

---

① Truong TV，2000. Tu tran Lu lich su 2000：Nhinlaiva Dieu chinhQuyhoach Kiem soatlu o Dong bang song Cuu Long（in Vietnamese）From the Historical Flood in year 2000：Looking backward and Adjusting the Planning for Flood Control in the Mekong River Delta [R]. Ho Chi Minh City：Southern Institute for Water Resources Planning（SIWRP）.

首先，应根据水文气象监测网的历史数据记录，进行洪水风险分析和洪水脆弱性评估。根据自然和社会经济条件，洪水可以通过结构和非结构措施加以控制。

防洪的结构措施包括建造防洪堤坝，拓宽及加深入海排水管道，增加地基、道路、桥梁及房屋的洪水疏散等技术工程。自 1996 年以来，特别是在 Giang 和 Dong Thap 省的许多地区堤坝进一步筑高。因此，大多数农民全年有稳定的稻米、水果和鱼类作物收获，无土地者也有稳定就业。在许多村庄，农民建造了临时堤防系统（“八月堤防”或“Do bao thang 堤防”），以保护夏秋作物免受早期洪水的侵袭。漂浮在水面上的杂草屏障也是有效的“软”结构措施之一，以防止洪水对河岸的侵蚀。

非结构性措施主要包括加强防洪能力：更新水文气象监测网、数据处理和建模、提供大众传播和教育、使作物生产日历多样化；建立日间托儿中心或“洪水幼儿园”“医疗船”在洪水期间照顾儿童和病人；提高对风险的认识，提供游泳课程，以及推广使用救生衣和各类救生圈[①②]。

然而，在一些地方，解决洪水问题仍然狭隘地强调技术建设。有一些非官方的观点认为，上游的高防护堤可能会造成洪水堵塞，导致排水过程减慢，与 1995 年以前的洪水相比，下游的洪水持续时间延长了 2～3 周。

在防洪堤坝内进行集约耕作是不可持续的，如果不清理洪水产生的泥沙淤积，会使稻田中的昆虫和老鼠越来越多。近年来粮食产量呈下降趋势[③]，在

---

① Tinh DQ，2003. Flood Kindergarten：Community Need to Community Solution [R]. Hanoi：Department of Dyke Management，Flood and Storm Control，Ministry of Agriculture and Rural Development.

② Vietnam Red Cross [VNRC]，2002. Lessons from the Floods：Voices of the people，local authorities，and disaster management agencies from the Mekong Delta in Vietnam. Discussion paper for the Vietnam Red Cross and the International Federation of Red Cross and Red Crescent Societies [J]. Koos Neefjes，6.

③ Howie C，2005. High dykes in the Mekong Delta in Vietnam bring social gains and environmental pains [J]. Aquaculture News 32（10）.

某些情况下，产量下降了 250 ~ 500 kg/hm^2。与此同时，农民使用更多的化肥和杀虫剂已经对自然环境造成了很大危害。

将洪泛区贫困人口进行移民搬迁以避免洪水，可能会减少他们从洪水中获益的机会，并使其面临一些新的卫生问题。较高的全防护堤坝也限制了河流和运河的运输能力。

在三角洲地区，土堤的维护和维修是一项困难的工作，因为很难找到合适的土壤用于维修土堤，同时保护土堤免受河岸侵蚀的代价很高。

3.6.2.2 盐水入侵管理

省水资源管理处和省水文气象站是在农业农村发展司领导下负责盐水入侵监测的官方机构。他们主要向省级人民委员会报告，并参与将行动战略转化为实际行动，这些省级农业农村管理机构也是当地盐渍化防治工程的管理者。

为限制盐水侵入农业地区，已在湄公河下游的大部分地区安装或计划安装盐水入侵闸口[①]。在过去 20 年中，已建立了许多盐水入侵控制项目。

盐水侵入区的主要防护工程是海堤和河口堤系统、运河堤防系统、泵站和水闸。它们不仅用于盐水入侵保护，而且还用于保障生产和家庭使用的淡水。在建造多年后，以前受盐水入侵影响的大片地区得到保护，每年可生产两季水稻作物。近年来，半咸水养殖的发展迅速导致了对咸水的新的使用需求。因此，这种控制可能造成水稻种植者和半咸水养殖者之间的冲突。例如在 Bac Lieu 省[②]，当地政府想为水稻生产保留淡水，但是养虾的农民需要咸水作为他们养虾的环境。在 Bac Lieu 省的西部，尽管较大的地区被从盐水入侵中解

① White I，1996. Possible Impacts of Saline Water Intrusion Floodgates In Vietnam's Lower Mekong Delta. Seminar on Environment and Development in Vietnam [D]. Australia：Australian National University.

② Hoanh CT，Tuong TP，Gallop KM，et al，2003. Livelihood impacts of water policy changes：evidence from a coastal area of the Mekong River Delta [J]. Journal of Water Policy，5：475-488.

放出来，但集约的水稻种植在西部仍然很困难[①]。在土壤发生潜在酸化时，人类活动（防止盐水入侵）对自然环境的干扰，使该问题的发生范围和严重程度均有所提高。因此，从长远来看，尽管养虾对一些人来说仍然是一项重要的收入来源，但同时也要注意到农业用地上的咸水养殖业所带来的负面影响。

Can Tho 大学和 Cuu Long 三角洲水稻研究所在盐水区开展了若干国际合作研究，包括寻找抗旱或抗盐水稻品种[②]、红树林—水产养殖综合系统或沿海地区水稻 - 虾养殖轮作综合生产[③]。在淡水半咸水交错区，许多农民的耕作模式已经发生转变，如水稻 - 虾轮作系统，以通过稻米和高价值、广泛或半密集的虾生产获得最大的回报（Xuan 等，1993）。盐水入侵管理或许是最佳合作方式，通过对因对虾养殖所造成损害的红树林进行抚育更新来缓解不利影响。

3.6.3 结论

在任何时候，水都是人和自然的生命源泉。从总体上看，为了保障人民和财产的稳定发展，降低非常规自然灾害的破坏，中央到地方要建立灵活的应对体系。与越南其他地区或其他国家相比，湄公河三角洲对洪水和盐水入侵可能有不同的看法。在三角洲地区，水管理问题应从不同角度加以处理。综合考虑洪水的损益，人们所能做的最有效的事情就是预测洪水的发生，并做好与洪水共存的准备。

洪水和盐水入侵是自然现象，而不是灾害，是三角洲典型特征。这两者

---

① Kam SP，Hoanh CT，et al，2001. Managing water and land resources under conflicting demands of shrimp and rice production for sustainable livelihoods in the Mekong River Delta，Vietnam. DFID-R7467c project document.

② Lang NT，Ky，BX Kobayashi，et al，2004. Development of salt tolerant varieties in the Mekong delta [D]. Can Tho，Can Tho University.

③ Brennan D，Preston N，Clayton，et al，2002. An evaluation of Rice-Shrimp Farming Systems in the Mekong Delta [R]. World Bank，NACA，WWF，FAO Consortium Program on Shrimp Farming and the Environment：10.

都对自然生境、人类生活、人类的水农业生产和基础设施建设产生了积极或消极的影响。只有当大量宝贵财产受到破坏、人民的生命受到威胁时，它们才会成为“灾难”。由于三角洲是全国资源最丰富的地区之一，工业的发展和人类居住范围的扩大是洪水易发的主要原因，需要建立预警系统和参与性水管理，以减少与洪水有关的灾害风险。

从概念上讲，湄公河三角洲的正常洪水和盐水入侵对每年生活在其中的群众来说，并不是严重的灾难。因此，三角洲地区的洪水和盐水入侵管理与越南北部或中部的其他地区不同。适合该三角洲的战略是采取缓解措施或“与洪水共生或在洪水控制之下生活”，具体的解决办法有规划住宅群集、建造灌溉系统以供应清洁水和防止盐水的入侵，防止盐水入侵低堤系统的建设①。

湄公河三角洲的水资源规划仍然秉承“自上而下”的原则。群众在水的规划和自然预防预测过程中所起的作用很小，即使他们参与其中，许多基层人民也没有发言权，受规划影响的群众也无法获取已获批准的水计划的资料。

---

① Vietnam SR，[SRV]，2005. National Report of Disaster Reduction in Vietnam [R]. Kobe-Hyogo：The World Conference on Disaster Reduction.

4 湄公河委员会水环境管理政策

湄公河委员会（MRC）是在 1957 年成立的湄公河下游调查协调委员会的基础上产生的。1995 年 4 月，湄公河下游的泰国、老挝、柬埔寨和越南四国在泰国清莱签署了《湄公河流域可持续发展合作协定》，强调湄公河流域及其有关的自然资源与环境对沿岸国家的经济、社会以及人民生活水平具有巨大价值，标志着新的湄公河委员会正式成立。根据该协定，湄公河成员国同意在航运、防洪、渔业、农业、水电及环保等所有与水及相关资源的使用、管理、保护等领域开展合作，促进区域的可持续发展。

4.1 湄公河流域可持续发展合作协定

该协定于 1995 年 4 月 5 日在泰国清莱签署，是柬埔寨、老挝、泰国及越南四国政府之间以建设性与互惠互利的方式，为湄公河流域水及相关资源的可持续开发、利用、保护和管理而缔结的协定。与水环境相关的主要内容如下。

4.1.1 合作的领域

以使所有沿岸国家多目标利用和互惠互利达到最佳以及使自然事件和人类活动的有害影响达到最小的方式，在湄公河流域的水及其有关资源的可持续开发、利用、管理和保护的一切领域进行合作，包括但不局限于灌溉、水力发电、航行、防洪、渔业、漂木、娱乐休闲与旅游方面的合作。

4.1.2 项目、计划与规划

在对所有沿岸国家可持续利益的最大潜力开发和防止对湄公河水的浪费方面进行促成合作与支持协调，通过制定流域开发规划，重点和优先安排联合的和（或）流域层次开发的项目和流域计划。可利用该规划进行项目与计划的确定、分类和优先排序，以便获得援助，并在流域层次上实施。

4.1.3 环境与生态平衡的保护

保护湄公河流域的环境、自然资源、水生生物及其生存条件，确保生态平衡不因流域内任何开发计划、水及相关资源的利用而产生有害影响。

4.1.4 干流流量的维持

在维持干流流量不受引水、蓄水、排泄或其他永久性行为影响方面进行合作，但不包括历史上严重的干旱和洪涝。具体为：旱季各国的流量不得少于可接受的最小自然月流量；雨季促使洞里萨湖出现可接受的自然回流；洪水期防止日平均洪峰流量大于自然状态下的流量。联合委员会应该制定流量位置与水位准则，并按规定进行监测和采取必要的措施以维持该流量。

4.1.5 有害影响的预防与终止

尽一切努力避免、减小和消除由于湄公河流域水资源的开发与利用或污水排放与回流可能对环境产生的有害影响，特别是对河流的水量与水质、水

（生态系统）环境和生态平衡的有害影响。当一个或多个国家被正当、确凿的证据通告其对湄公河水的利用和排水正在对一个或多个沿岸国家产生实质性损害时，造成损害的国家应立即终止被指控的行为。

4.1.6 紧急情况

不论何时，任何一方发现需要立刻做出答复的水量或水质问题，该方就应该立刻通报有关各方和联合委员会，并与联合委员会直接协商，以便采取适当的补救行为。

4.2 湄公河流域可持续发展合作协定实施规程

为了保障《湄公河流域可持续发展合作协定》（以下简称湄公河协定）的实施，湄公河委员会制定了一系列具体的规程，规范协定内容的具体实施。

4.2.1 数据与信息交换共享规程

4.2.1.1 数据与信息交换目标

在 4 个湄公河委员会成员国之间实现数据和信息的交流；通过湄公河委员会确定的公众渠道，获得可用的基础数据和信息；促进湄公河委员会各成员国间的相互理解与合作，以互利互惠的方式保证湄公河流域的可持续发展。

4.2.1.2 数据与信息交换原则

为与湄公河协定的条款一致，对在成员国之间交流与共享的数据和信息的管理应遵循以下原则：

①正常情况下，进行交流的数据和信息是实施湄公河协定所必需的数据和信息，必须遵守相关国家的法律规章，特别是涉及国防或国家安全、商业秘密和受知识产权保护的法律法规。

②数据和信息的交流与共享，包括信息需求的优先顺序应以高效、公平、

互惠和节约成本的方式进行。

③保存在湄公河委员会信息系统（MRC-IS）内的数据和信息由湄公河委员会秘书处负责维护和管理，这些数据和信息应以所确定的标准格式得到合适的、及时的和正确的维护，并通过一个适当的网络和传输系统为湄公河委员会及其成员国建立行之有效的共享平台。

④为推动湄公河委员会的行动、项目等，偶尔要求获取其他的和难以获得的数据和信息应由湄公河委员会联合委员会同意。

4.2.1.3 数据和信息的交流与共享方式

湄公河委员会各成员国应遵循以下原则进行互相合作：支持并促进本规程的实施；向湄公河委员会秘书处提供数据和信息，数据和信息应基本达到以下要求：

①实施湄公河委员会计划 / 活动及湄公河协定所必需的主要类型包括（不限于）：水资源、地形、自然资源、农业、航运和交通、洪水管理和洪灾治理、基础设施建设、城市化 / 工业化、环境 / 生态、行政边界、社会经济、旅游。

②由湄公河委员会秘书处决定、联合委员会批准的标准，包括但不限于格式、标准化、分类和可接受的数据质量水平。

③数据和信息提交的时间安排。

④数据和信息交流与共享的形式。

同时应为实施湄公河协定提供切合实际的历史数据资料。收集除常规数据资料的、为实施湄公河委员会项目和计划所需的其他额外数据和信息的经费由要求提供资料的一方支付。数据和信息的传输必须通过湄公河委员会秘书处。

4.2.2 用水监测规程

4.2.2.1 用水监测规程的目标

用水监测规程为支持对流域内用水的监督和监督流域间分流决议的有效实施，提供一个全面、恰当的监督框架和步骤。通过用水监测系统公平、透明、真实的运行，促进成员国更好地相互理解和合作。

4.2.2.2 用水监测规程的原则

为与湄公河协定规定相一致，用水监测应依照以下原则进行管理：有效性原则、协调性原则、公开透明性原则、成本节约性原则、动态性原则、适应性原则、互利互惠性原则。

4.2.2.3 用水监测范围与系统

用水监测规程所监测的水资源利用包括流域内用水和流域间分流。监测系统由以下三部分组成：建在相关成员国境内并由其管理 / 拥有的固定设备和相关建筑；各种技术规程；相关人员、单位与机构。

4.2.2.4 机构安排

湄公河委员会联合委员会、秘书处和国家湄公河委员会负责监督系统的运行情况，各自的角色、功能、职责如下：

湄公河委员会联合委员会的职责和作用包括：①与成员国合作建立、加强、管理监测系统；②保证监测系统效力及其有效运行；③保证监测系统的准确度、公平性和透明性，包括实地检查；④与湄公河委员会其他规程相协调，与湄公河委员会相关标准相统一，不断完善本监测系统；⑤如果有需要，可对用水监测规程进行再评价和补充完善。湄公河委员会联合委员会可将其全部或部分职责委派给一个技术支持小组。

湄公河委员会秘书处的作用和任务包括：①编制与用水监测相关的报告，

包括用水监测结果、用水监测规程的适用性和有效性报告，以及监测系统的运行状况年度报告；②在财政和技术上协助各国家湄公河委员会加强对用水监测系统管理，包括实地检查；③在技术和其他方面向湄公河委员会联合委员会提出建议，包括规程的相关改进方法；④为支持用水监测规程的实施，提供技术咨询和法律咨询。

各国湄公河委员会的职责和任务包括：①在各自国家内与湄公河委员会联合委员会合作建立该监测系统，并对其进行维护和加强；②为监测目标提供水资源利用数据；③参与和协助国内相关机构实施此规程。

4.2.3 通知、事前磋商和达成协定规程

4.2.3.1 事前磋商规程的目标

为湄公河委员会各成员国提供切实可行的实施步骤，以支持水资源利用和流域间引水规则的建立；进一步促进湄公河委员会各成员国的相互理解与合作，以建设性和互利互惠的方式保证湄公河流域水资源和其他资源的可持续发展、管理和保护。

4.2.3.2 事前磋商规程的原则

规程将遵循以下指导性原则：主权平等和领土完整；公平与合理利用；相互尊重权利与合法利益；负有诚意；公开透明。

4.2.3.3 通知

要求进行通知和应履行通知程序的计划用水包括：流域内利用和在支流上进行流域间引水，包括洞里萨湖的水利用；雨季干流上的流域内利用。通知应包含可行性研究报告、实施计划、时间表和所有现成资料。

国家湄公河委员会（NMC）将履行通知程序的范围、内容和格式通知给相关部门。审核并检查由相关机构提交的通知文本，以保证通知文本完全按

照规定内容和形式 / 格式提交了所要求的完整的数据和信息。将通知文本以适当的文件形式进行整合、记录，传送给湄公河委员会秘书处，再由秘书处将其提交给湄公河委员会联合委员会和其他国家湄公河委员会。

湄公河委员会秘书处按照附录 I 的形式 / 格式，接收、检查所提交的通知的完整性，并进行记录和建档；将通知提交给湄公河委员会联合委员会，并复制给其他每个国家湄公河委员会；将相关数据和信息存入湄公河委员会秘书处的数据信息系统；对通知提出建议，并将其提交至湄公河委员会联合委员会。

湄公河委员会联合委员会确认提交的通知，并对湄公河委员会秘书处提交的建议提出意见。

4.2.3.4 事前磋商

考虑到湄公河协定的规定和要达成协定的目标，以下计划用水应进行事前磋商：雨季干流的流域间分流；旱季干流的流域内用水；旱季剩余水量的流域间分流。

除通知要求提供的数据和信息外，提交通知的国家还应及时向湄公河委员会联合委员会提供关于计划用水的其他可用的技术数据和信息，以便其他沿岸国家评估其影响。

国家湄公河委员会的角色 / 作用 / 职责如下：将本规程规定需提交事前磋商的用水计划，按照所要求的范围、内容和形式 / 格式通知相关机构；接收、审核、检查提交至其的事前磋商报告文本，以保证报告的完备性及与所要求的内容、形式 / 格式一致；对提交的报告进行整合，使之成为一个合适的文件报告，并将其传送给湄公河委员会秘书处，由秘书处提交给湄公河委员会联合委员会并传送给其他国家湄公河委员会；依照湄公河委员会联合委员会对于计划用水的要求，为任何磋商、报告、评估和现场勘察提供便利；将从湄公河委员会秘书处收到的需要进行事前磋商的确切用水计划的意见或回复建档，并将复件传达给相关机构或部门。

湄公河委员会秘书处的角色 / 作用 / 职责是：接收、检查事前磋商文件和被通知国家的回复的完备性，进行记录和建档；将事前磋商的计划用水文件提交给湄公河委员会联合委员会，并复制给其他每个国家湄公河委员会；如果湄公河委员会联合委员会提出要求，需进行审查、分析，并向联合委员会提供技术建议；如果相关成员国有要求，需提供其他现有的数据和信息，并组织召开协商会议；为评估提供有效的技术支持，如果需要，湄公河委员会联合委员会可以建立一个由秘书处提供支持的调查小组，并到实地进行考察；将相关数据和信息输入湄公河委员会数据信息系统。

湄公河委员会联合委员会确认和审核由秘书处提交的任何事先磋商文件；审核由成员国提交的建议；在秘书处的支持下，在有关各方间对计划用水开展磋商；建立一个工作小组来协作完成事前磋商程序，以期就计划用水达成协定；尽力处理在事前磋商过程中可能产生的任何问题；按照湄公河协定第二十六条对旱季流域间分流的计划用水的规定，根据理事会批准的标准，对干流剩余水量进行核实，并制定全体一致同意的可用性准则。

湄公河委员会理事会在本规程中的职能依照湄公河协定的规定执行。

事前磋商程序包括事前磋商文件的提交、对计划用水的评价和回复、联合委员会决议三个部分。

事前磋商的时间框架定为从收到通知国的事前磋商文件之日起的六个月。如果需要，可以依照联合委员会的决议延长一个周期。

4.2.4　维持干流流量规程

4.2.4.1　维持干流流量的目标

维持干流流量规程的目标是提供技术导则框架、机构安排、指导和信息，使湄公河委员会及其成员国有能力维护和管理湄公河干流的径流。

4.2.4.2 维持干流流量的原则

除了湄公河协定规定的原则，规程还应符合下列原则：可操作性原则、公开透明性原则、成本节约性原则、互利互惠性原则。

4.2.4.3 维持干流流量的范围

根据湄公河协定第六条规定，规程适用于调水、拦截排泄或由成员国实施的可能对旱季和雨季干流径流有显著影响的其他永久性活动。

4.2.4.4 维持干流流量内容

维持径流具体来说，除了出现历史上严重干旱和 / 或洪涝的情况，规程适用于在选择的测站就维持干流流量上的合作。旱季流量不低于可接受的最小天然月流量；洞里萨湖可接受的天然回流能够在雨季发生；在洪水季节，不允许人类活动或其他设施故意泄水造成日均最大流量大于其自然发生水平。

4.2.4.5 机构安排

湄公河委员会理事会在规程中的作用与湄公河协定中的条款、各规程的规则和其他有关规程一致。

湄公河委员会联合委员会依据湄公河委员会联合委员会编写的规程目标和原则、技术导则等，设定水文测站的位置，确定湄公河干流上每个水文测站的流量水平；发生严重干旱和 / 或洪涝时采取适当措施；配合各国家湄公河委员会以保证本规程的有效实施；批准规程的技术导则及其任何的修订或修改。湄公河委员会联合委员会可将所有或部分责任委托给一个技术团队，并将其作为湄公河委员会的一个常设工作组。

湄公河委员会秘书处在湄公河干流指定点上进行径流评估和选择可接受流量方面，向湄公河委员会联合委员会及技术部门提供技术和行政协助。作为协助的一部分，湄公河委员会秘书处应当维护和更新湄公河委员会信息系统，包括制定更新、升级和利用的时间表及决策支持框架。该框架是本规程所需的支持流量评估的关键工具。通过协调、后勤支持、技术分析和评估等方式支持湄公河委员会联合委员会的工作；编写必要的报告，包括向湄公河委员会联合委员会提供关于干流径流维持情况的年度报告，以及及时提供关于讨论的适当文档。促进问题解决和共识建立的进程，该进程是确保技术评估和建议能以成本节约的方式成功实施的有效保障。

国家湄公河委员会通知相关机构、地方政府和本规程的利益相关方，以确保本规程的有效实施；根据本规程实施以及从所选站点向湄公河委员会秘书处传输数据的要求，确保监测、数据收集和报告的完成；负责与湄公河委员会秘书处合作开展各自国内所选水文测站的建立、维护和调度运行；通知相关机构、地方政府和利益相关方有关季节性管理条件的计划、方案和行动、以及本规程中维持必需流量的需求。敦促湄公河委员会秘书处在编写干流流量维持年度报告时提供必要信息。

4.2.5 水质规程

4.2.5.1 目标、准则和范畴

水质规程的目的是维护可接受的/良好的水质，建立合作框架，促进湄公河流域的可持续发展。除湄公河协定规定的原则，规程还应符合下列指导原则：成本效益原则、责任制原则、公开透明性原则。

规程适用于维护湄公河干流水质。关于湄公河流域跨界的支流，有关国家应基于湄公河协定和相关条款的规程及准则，努力维护良好的水质。

4.2.5.2 水质管理的实施

为实现水质管理的目标并考虑到规程中规定的准则，各成员国应做到：尽一切努力维护干流可接受的/良好的水质；加强现有的水质监测，如果有必要，建立新的联合监测和湄公河水质评估方案；共同完善湄公河委员会联合委员会批准的水质规程技术实施导则；开展改进技术准则的研究，以促进规程的有效实施。

4.2.5.3 机构安排

湄公河委员会理事会的职能与湄公河协定的规定一致，其规则和其他有关程序的规定一致。

湄公河委员会联合委员会的功能/角色/职责包括：加强、维护水质监测站，如有必要，根据本规程目的和原则建立新的水质监测站；建立一个可以制定水质目标的水质管理框架；配合所有国家湄公河委员会以使规程得到有效实施；制定、批准、审核、修订（必要时）水质规程实施的技术导则。湄公河委员会联合委员会可将所有或部分职责委派给某个技术机构，该技术机构可成为湄公河委员会常设工作组。

湄公河委员会秘书处的角色和职责包括：向湄公河委员会联合委员会提供技术上和行政上的协助，成为水质管理框架的技术机构；通过协调、后勤

保障、技术分析与评估、编写必要的报告（含向联合委员会提交的干流水质年度报告）等方式，促进湄公河委员会联合委员会、技术机构等的工作，及时提供相关的资料；推进解决问题和达成共识的进程，以便高效地实施技术评估。

国家湄公河委员会的职能、角色和责任包括但不仅限于：通知相关的机构、地方政府和利益相关方，以确保规程的有效执行；提供规程实施所需的监测数据与报告；负责与湄公河委员会秘书处合作，建立、运行和维护水质监测站和其他水质报告所需流程及各成员国在紧急情况下的规程；通知相关机构、地方政府，以及有关计划、方案和活动的利益相关者，帮助维护干流的良好水质；督促湄公河委员会秘书处在编写关于干流水质年度报告时提供必要的信息。

5

国际组织的区域水环境合作探索

随着经济全球化的日益发展，非政府组织（Non-Governmental Organization，NGO）在全球的活动范围变得十分广泛。20 世纪 70 年代以来，非政府组织以一种崭新的姿态活跃于国际舞台。虽然国家仍然是国际关系中的主要行为体，但非政府组织在众多领域，尤其是环境问题领域发挥着自己独特的作用，其日渐强大的影响力不容忽视。澜沧江 – 湄公河区域活跃着大量非政府组织，特别是资源环境领域的非政府组织，如世界自然基金会、保护国际基金会等。目前，拥有丰富自然资源的澜沧江 – 湄公河区域环境治理问题已经开始受到国际社会的广泛关注，而活跃在该区域的非政府组织率先参与到环境治理中。它们在该区域设有许多活动网点，搭建沟通的平台，广泛渗入到社会的各个角落，站在不同于政府和政府间国际组织的角度关注着区域环境问题，形成一股重要的社会力量，不仅对当地政府施加了很大的压力，也对国家的外交产生了越来越大的影响（杨朝晖，2010）。

5.1 湄公河自然生态系统健康－保护国际基金会湄公河项目

保护国际基金会（Conservation International，CI）是总部位于美国的非政府组织，30 多年来一直致力于打造更健康、更繁荣、更富有生产力的地球。

CI 于 2001 年在柬埔寨设立办公室，并正式在湄公河区域开展活动。CI 与世界自然基金会（WWF）、澜沧江－湄公河环境合作中心等机构在湄公河区域保护方面保持密切的合作关系，在物种保护、生态系统管理、自然资本计量和核算、保护区创建和管理以及可持续融资等领域开展了广泛的研究和实践合作，共同致力于实现整个湄公河流域国家间的河流资源保护，促进实现对大湄公河次区中对于 600 万 hm^2 自然资源保护的目标。这些工作不仅使得该流域的水体、森林以及生物多样性得到有效的保护，还极大地提升了区域居民的生活品质。CI 与当地研究机构开展了一系列科学研究工作，期望通过融合多方资助资金，普及生态保护理念，开展淡水生态环境监测，建立淡水健康研究模型，开发政策制定工具，为当地淡水健康保护政策的研究与制定提供科学依据，并通过示范点的设立，将这些研究成果应用到具体的流域保护中。CI 利用国际研究团队建立的淡水健康指数，在区域内开展了一系列淡水健康评估示范应用案例。

5.1.1 澜沧江－湄公河干流西双版纳段评估案例研究

澜沧江－湄公河西双版纳段的生态系统健康状态在一定程度上可以反映整个湄公河上游水环境健康管理的效果。应用 FHI 评估方法进行的评估结果显示，当地淡水生态系统健康状况良好。

西双版纳水资源丰富，少有枯水年。经济结构以第一产业和第三产业为主，第二产业占比较小，经济发展对生态环境影响相对较弱，而且由于气候和地理因素，西双版纳动植物种类繁多，生物多样性丰富。因此，西双版纳澜沧江主干流水质、水量、生物多样性指标得分较高。虽然目前西双版纳澜沧江主干流上只有1个水电站——景洪水电站，但支干流上的小二型水库较多，导致了一定程度的河道破碎化。此外，西双版纳有一部分天然植被林已被橡胶林和香蕉林所替代，河道改变程度和天然地表覆盖率两项指标变化导致流域情况得分较低。

西双版纳水资源丰富，无资源性缺水和季节性缺水现象，供水可靠性较高。西双版纳渔业资源捕捞量的统计数据较少，但天然河道里鲤鱼、草鱼相对较多。此外，农业局定期实行增殖放流，因此，研究流域供消费的生物量较大。从地方统计数据和模拟结果来看，西双版纳澜沧江主干流在调控泥沙量、过滤水体污染物、防洪减灾、疾病调控方面效果较好。

研究河段利益相关方较为多元化，相关执行机构能否从宏观管理的角度进行流域规划与政策制定，从微观管理的角度执行有效的流域投资、建设、保护项目，并对利益相关方进行有力协调，对流域可持续发展至关重要，但相关工作异常复杂。该部分指标无法进行精确量化，主观性较强。

由于地理环境、经济结构、地方政府有效管理、利益相关方积极参与等诸多因素，中国云南省西双版纳傣族自治州澜沧江主干流淡水生态系统健康状况良好。然而，随着人们对美好生活需求的进一步增加以及社会经济的发展，该流域的水质、水量等健康指标均面临着生态环境与经济发展不平衡的问题。此外，从目前的评估结果来看，西双版纳在天然地表覆盖率变化、涉水休闲业、管理与利益相关方参与等方面仍然存在不足，需要进一步提升。

建议澜沧江－湄公河西双版纳段在保持水资源、水环境质量、生物多样性、供消费的生物质量等现有生态环境优势的前提下，继续防治农业面源污染；加强涉水休闲娱乐项目建设，将自然资本利用与经济发展有机结合；由于对农民收入影响巨大的橡胶林和香蕉林保水固土功能较弱，耗水量大，应考虑引进生态环境友好型经济作物，促进该地区农村经济的绿色化转型；加强淡水生态系统管理力度，做好水资源使用及保护规划，增强利益相关方参与度，整体推进当地淡水生态系统管理工作。

5.1.2 高原湖泊洱海评估案例研究

位于云南省大理白族自治州的洱海是澜沧江水系的重要组成部分，也是目前云南省九大高原湖泊中为数不多的水质较好的湖泊之一，选择其作为水生态系统健康评价的主要对象，对于澜沧江－湄公河淡水生态系统管理研究具有代表性的意义。

评估结果表明，洱海湖泊生态系统结构稳定，功能健全，周边旅游业和人类活动受到严格控制，湖泊生态系统呈可持续发展态势。虽然洱海前期过度开发导致生态系统生命力受损严重，所提供的生态系统服务也有限，但是2015年之后国家加大力度进行洱海保护，洱海淡水生态系统健康状况正在不断改善，生态系统健康已处于较高水平。

目前洱海流域面临的压力仍然很大，洱海保护工作不能松懈。根据评估结果，建议未来在如下几个优先领域继续开展保护工作。

5.1.2.1 优化空间布局，合理规划土地利用

以洱海流域水环境承载力为依据，加快编制并调整洱海流域空间规划布局，科学指导流域未来开发进程。根据不同区域的空间位置和区位优势，划定功能区，制定与功能区发展相协调的流域开发项目和管理措施。

5.1.2.2 调整产业结构，发展绿色经济

淘汰落后产能，积极推动循环经济发展，提高各类资源利用效率，提高清洁能源使用比例，减少工业生产副产品和污染废物产出。

加快推动流域生态农业建设，重点发展绿色、特色产品种植，改变农药、化肥施用方式，开展生物防治，增加有机肥施用比例，加强农业面源污染防控。控制流域畜禽养殖规模，加强养殖废水、粪便的无害化处置。

控制旅游业盲目、无序发展，严格审批各类旅游业相关营业资格，提高旅游接待能力和接待水平。

5.1.2.3 截污治污，减少入湖污染物

提高各类企业污染物排放标准，加强监管，确保达标排放。加强基础设施建设，建立和完善农村及城镇生活污水收集处理管网，提高生活污水和生活垃圾处理率。

5.1.2.4 流域生态系统修复

对流域森林、湿地、河流、湖泊等各类生态系统进行修复，提高生态系统结构和功能稳定性，保障各类生态系统服务的供应。提高生物多样性，减少外来入侵种对本地生态系统的破坏，减缓并遏制生态系统退化趋势。

5.1.3 湄公河下游评估案例研究

3S 流域（Sekong-Sesan-Srepok）内有 340 万人口，其中 24% 是贫困人口。此外，流域内有 329 种本地鱼类，其中 17 种是特有鱼类，14 种是极度濒危或濒临绝种鱼类。作为湄公河重要的支流，3S 流域为湄公河提供了约 25% 的流量和 15% 的泥沙，支撑着越南的经济支柱——湄公河三角洲。

淡水生态系统健康评估结果显示，得益于良好的自然条件，这里的生态系统活力、流域条件和水质得分最高，但流域内大量濒危水生物种的生物多样性面临很大的威胁。流域的综合管理能力较差，监管制度薄弱，变化响应能力有限。

总体而言，3S 流域评估的结果符合预期，但显示出生态压力的迹象，而且有必要大幅改善治理体系，确保经济发展不会破坏流域的可持续性。淡水健康指数评估为流域的河流管理者和利益相关者提供了一套透明、合理的指标。随着 3S 流域的快速发展，老挝和柬埔寨正在建设大量的水电工程，需要频繁更新 FHI 指标来跟踪流域健康变化。

目前，CI 正加快跨区域的生态保护工作，联合各利益相关方，不断提高区域性环境政策和生态系统保护能力建设，促进区域可持续发展。

5.2 世界自然基金会的水管理创新

当今世界面临着水资源短缺、水污染严重、水生态环境恶化等问题。随着经济社会的快速发展，水资源的危机将会更加突出，并成为制约经济社会可持续发展的主要“瓶颈”，也给依赖水资源运营的企业及其投资者带来极大挑战。

5.2.1 水管理创新简介

为激发企业在水资源管理中的领军作用，WWF 在全球率先发起了“企业水管理先锋”项目，旨在鼓励和引导企业通过系统的流程，加强与上下游产业链众多利益相关方的合作，以企业、政府、公众共同参与流域管理的模式实现重点流域的水资源有效管理，同时降低企业及所有相关方共同面临的水风险。

作为联系企业、政府、公众的纽带，WWF 从五方面推动流域尺度的企业水管理。

5.2.1.1 基础研究

对优先区域进行水风险识别，对试点行业进行水足迹核算，使企业对其所在流域、行业以及自身的水风险和水足迹状况有直观了解。

5.2.1.2 项目示范

与企业合作，基于“企业水管理先锋”五步流程与企业实习情况结合，为其量身定做系列示范项目，推动企业、政府、公众共同参与流域水管理。

5.2.1.3 工具开发和标准制定

与有关企业共同开发全球水风险评估工具，用于流域及行业、企业的水风险评估。

与水资源管理联盟合作开发《国际水资源管理标准》，为企业水管理战略提供具体的实施机制。

5.2.1.4 能力建设

组织培训班、研讨会，让企业人员了解和掌握相关工具，形成高效的信息共享网络，以提高企业的水管理能力。

WWF 企业水管理中国网络，为所有的利益相关方提供统一的沟通和交流平台，促进中国淡水资源的有效管理。

5.2.1.5 宣传教育

在相关行业内进行企业水管理先锋理念的宣传与推广，并开展多样化的公众活动，让终端"用水者"更了解水资源管理和使用的现状，并参与水资源管理行动，使企业获得更高的社会认知与认可度，增加企业和消费者的互动。

5.2.2 工业园区水环境管理创新[①]

工业园区因工业活动聚集，资源消耗量大，绿色、低碳发展尤为迫切。工业园区进驻企业多，用水量大，废水产生量大，污染物浓度高且成分复杂，导致园区污水处理难度大。许多园区所在区域及流域水环境质量差，水生态受损严重，水环境隐患多，园区绿色发展面临水资源节约集约利用、水污染防治等诸多挑战和风险。因此需要创新园区水管理模式，全面考虑水污染防治各环节，应用生命周期管理的理念，强化源头控制和系统治理，设计一体化解决方案，推动园区水资源精细化管理，防治水污染并减少能源和水的消耗。

WWF 正在全球范围推进水管理创新项目合作，其核心是不断改善用水状况，降低企业内部及价值链 / 供应链相关的水影响。通过创新机制、搭建交

---

① 世界自然基金会，2018. 工业园区水管理创新实施指南 .

流平台，引导园区管理部门、园区重点企业、金融机构、NGO、研究机构等共同参与到工业园区的水管理创新项目；通过激励园区内企业学习和借鉴成功案例，并探索全新的政企合作（Public—Private Partnership，PPP）模式，帮助企业提高水管理能力和绩效。在此基础上，关注园区所在流域的水风险问题，形成流域内的利益相关方水资源可持续利用的共享价值。

5.2.2.1　园区水管理创新实践关键原则

（1）全生命周期管理原则

生命周期思考是园区水管理创新实践的核心。基于生命周期思考，构建供（取）水、用水、废水处理、排放、污水再生回用、污泥处理处置及资源化等与水管理相关的关键环节组成的全生命周期园区水管理创新实践体系，实现生命周期不同阶段的全过程管理，防范水风险，改善水环境质量。全生命周期水管理创新实践还包括企业使用的主要原料在整个供应链中用于生产该产品所需新鲜水的使用量，即供应链上主要原料的间接用水情况。

（2）系统优化原则

工业园区水管理要素涵盖企业、园区及周边小流域三个层面。园区水管理还与能源使用、产业结构直接相关，涉及诸多利益相关方，宜从系统优化的角度研究园区水管理创新，构建一体化园区水管理模式，即：

以水资源保护、节约利用为重点，强化源头控制与过程管理，控制用水总量，全面提高用水效率，实现水资源的绿色开发和利用；

对于用水企业，引导企业开展取水、用水统计和计量的精细化管理，应用先进、适用的节水技术，挖掘节水潜力；

对于水处理企业，推进水处理由污染控制向低能耗、资源化、能源化、生态安全的绿色方向转变，提高再生水处理及回用的绿色化水平，削减废水（污水）排放总量、入水污染物总量及其生态环境影响；

对于园区和流域，以绿色发展理念引导实践创新，通过推行清洁生产、循环经济等措施，建设节水型园区，促进产业转型升级，推动园区经济发展与水资源、水环境承载力相协调，推进流域源清流洁。

5.2.2.2 园区水管理创新实践一般性方法框架

（1）水管理问题识别

基于生命周期思考，从供（取）水、用水、废水处理、排放、污水再生回用、污泥处理处置及资源化、污水处理厂出水特征污染物（毒性）监测与控制、园区内水体污染、园区周边纳污（水体）小流域污染等方面识别。

（2）成因分析

产业结构优化、清洁生产及能源使用与水管理创新是彼此互补的活动。重点从园区产业结构和空间布局、能源效率、企业清洁生产水平、企业精细化水管理能力、污水处理技术及设施运行管理等角度系统分析水风险及水环境问题的成因，识别能够提高水资源效率和降低污染物产生及水风险的机会。

（3）对策措施

找到各层面水管理创新实践方案，对方案进行评价，选择最佳方案并加以实施。园区精细化水管理体系构建及能力建设是方案的重要组成，实施全生命周期水管理，构建及完善一体化的水管理体系，将体系融入园区管理部门及企业日常的管理活动，从企业层面、园区层面和周边小流域层面分阶段开展有针对性的行动。

（4）绩效评估

侧重水管理行动开展情况、供水绩效、水资源产出率及水环境影响几个方面，由相应的核心指标组成指标体系，进而构建园区水管理创新指数，以便于园区管理部门简单、直观地分析园区年际间水管理创新绩效的变化及与其他园区的横向比较。

园区水管理创新实践的基本流程如图 5-1 所示，包括园区水管理创新需求识别，策划与组织，企业、园区及周边流域三个层面水管理现状分析评估、水管理创新实施方案制定、水管理创新实践、实践评估几个步骤。

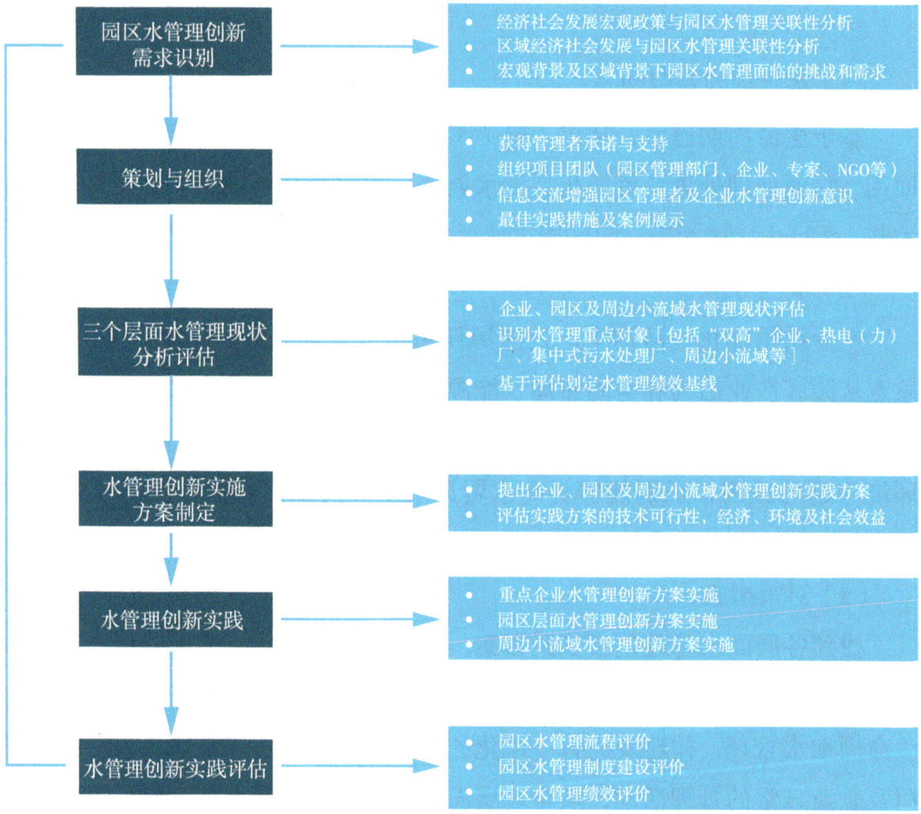

图 5-1　园区水管理创新实践的基本流程

6

澜沧江－湄公河国家水环境治理与可持续投融资

在国家实施节能减排硬约束、推进资源节约型和环境友好型社会建设的新形势下，绿色金融应运而生，正在成为一种创新的环境经济政策（安伟，2008）。绿色金融是遵循市场经济规律，以建设生态文明为导向，以信贷、保险、证券、产业基金及其他金融衍生工具为手段，以促进节能减排和经济资源环境协调发展为目的的宏观调控政策。

绿色金融的实践始于20世纪80年代初美国的"超级基金法案"，该法案要求企业必须为其引发的环境污染负责，从而使得信贷银行高度关注和防范由于潜在环境污染所造成的信贷风险。随后，英国、日本等各国政府和国际组织进行了多种尝试和探索，积累了一些经验，如1991年美国银行基于避免环境债务风险的贷款程序变革、美国进出口银行的环境评估政策、英国金融创新研究中心的环境风险评级、日本促进节能技术发展的信贷支持政策等，特别是2003年7个国家的10家主要银行宣布实行"赤道原则"，即根据国际金融公司和世界银行的政策及指南建立的，旨在判断、评估和管理项目融资中的环境与社会风险的一个金融行业基准，以增加银行业的社会责任，改进压力越来越大的环境和社会问题。

6.1 云南小磨高速公路建设与可持续投融资

6.1.1 小磨高速公路概况

云南小磨高速公路起点位于西双版纳景洪市，止于中老边界 29 号界碑，全长 167 km。小磨高速公路于 2015 年 5 月开工建设，起于西双版纳州景洪市小勐养，接已建成通车的思茅至小勐养和小勐养至景洪高速公路，经曼果龙、菜阳河、曼勐、勐仑、勐腊、曼庄、尚勇，止于磨憨。设计速度为每小时 80 km，全线共设桥梁 300 座、隧道 33 座，主线桥隧比达 48.9%；全线共设置银河、菜阳河、勐宽、勐仑、勐远、龙林、勐腊北、勐腊南、曼庄 9 处设置互通式立交，服务区 5 对。2017 年 9 月 28 日，小磨高速公路全线通车，这标志着我国西南地区连通东南亚的昆曼国际大通道国内段已经实现全线高速化。

6.1.2 小磨高速可持续管理实践

小磨高速公路路线图显示，小磨高速的建设与澜沧江－湄公河的保护密不可分。小磨公路沿线共跨越 13 条澜沧江支流。为了保护好当地淡水资源，项目建设之前对当地水资源环境进行了针对性的调查，并编制了专项方案。其中三条河流具有明显的代表性，首先是罗梭江，拥有丰富的鱼类资源；其次是南远河，位于勐腊县境内，植被覆盖度高达 88%；最后是南木窝河流域，人类活动比较密集，有大量的农田及灌溉设施。

6.1.2.1 工程设计充分考虑生态环境保护

由于基础设施建设不可避免地会给生态系统带来损害，小磨高速公路在设计阶段也采取了一些措施，力争做到“最小程度伤害、最大力度保护”。

①域内调查、找准目标。小磨高速桥梁数量众多，其中跨越罗梭江鱼类资源保护区的桥梁和跨越南拉河特有鱼类国家级水产种质资源保护区的桥梁，

在设计阶段分别进行了水生生物评价，并使用育苗和辅育的新方案。

②主动避让、保护优先。小磨高速沿线自然植被繁茂，其中树龄百年以上的古树就有数十株。为了保护自然资源，在设计阶段就采取避让、移栽等针对性的措施，充分做到有效保护。为减少建设过程中对自然环境的影响，对路线进行多方案的评选，减少跨河点 5 处，保护原生植被 19.5 hm^2（表 6-1）。

表 6-1 小磨高速公路生态环境保护避让措施

序号	桩号	位置	措施
1	K9+000 附近	路侧	避让＋防护
2	巴洒 2 号隧道	隧道口上方	防护
3	K28+000 附近	中分带	防护
4	勐宽立交附近	路侧	避让
5	勐腊 2 号隧道出口	路侧	避让
6	勐腊 3 号隧道口	进口	避让
7	勐腊 3 号隧道口	出口	避让
8	勐腊北半互通式立交	路侧	避让
9	勐腊北半互通式立交	中分带	避让
10	K138+800 附近	中分带	避让

③建设过程中的措施落实。一是优化隧道口设计，虽然增加了建设成本，但较好地保护了原始森林，仅南木窝河隧道一个工点就减少森林砍伐 6 亩，保护效果明显。二是对消耗水量较大的预制场，严格推行标准化建设，在施工过程中充分节约用水。在梁板预制场使用循环喷淋养生系统，节水率达到 70%。因为西双版纳雨季长，年均降水量约 1 900 mm，施工过程中有大量边坡开挖，在雨水的冲刷作用下，地表径流携带泥沙进入河流，会对河流水质产生影响。所以，小磨高速在开挖边坡时采取了边开挖、边防护的施工方法，

有效减少了开挖面裸露的时间，减少了对河流水体产生的影响。三是结合小磨高速沿线竹林密布、椰树广布、工程建设废旧模板集中的特点，充分发挥“就地取材”的优势，集中开展了废旧竹片、废旧模板和椰丝毯等科技创新，相关技术在边坡修复中得到有效应用。四是在桥墩施工过程中，优先保护水体。跨越罗梭江大桥的水中桩基施工，原工程可行性报告、初步设计施工方案均为土围堰建立施工平台，但从保护河流水质的角度出发，指挥部经过讨论认为，采用钢栈桥方案可以避免对河流水质造成不利影响。五是施工前进行了大量调查，对有可能因施工而导致地表水渗漏的位置，做足工程方案，防止出现地表水渗漏问题，经同期观察，未发生地表水明显渗漏的情况。对施工过程中出现的地下水，采取堵排结合的方式减少地下水排泄，隧道排出的地下水，分别在洞内外分级设置钢箱沉淀池，经沉淀后再排放，定期清理沉积的泥沙，并运至指定的弃土场填埋，减少泥沙对水体的污染。六是施工营地垃圾统一收集，定期运送到就近的填埋场，污水做到处理达标后再排放。全线 45 个参建单位中有 8 个驻地是自建的活动板房，其余为租用沿线民房，各个营地的生活污水均经过化粪池集中处理。生产、生活产生的固体废物集中收集，最终进入垃圾填埋场进行填埋。

6.1.2.2　项目运营期污染的处置

在小磨高速绿色化设计的基础上，运营期的污染也采取了防治结合方式进行处理。为了确保小磨高速公路运行后不会给沿线淡水生态系统带来影响，项目从应急系统、沿线站点污水处理、沿线站点固体废物处理、在线环境监测提高水资源利用效率 5 个方面开展了相关工作。

（1）桥面径流应急收集系统

全线水环境敏感区域有罗梭江、南远河、南腊河、南木窝河、红河 5 条河流，项目施工期间修建径流收集池合计 29 座，收集池总容积为 7 086 m^3，同时对全线已有的被二级公路损坏的径流应急收集系统也一并进行了修复，在

相应区域高速公路上设立明显标志，提醒驾驶人员注意。

（2）沿线站点污水处理

全线 5 对服务区、9 处匝道收费站、1 处主线收费站等都做到了污水集中处理，净化后的中水用于绿化、冲厕，做到达标排放。

（3）沿线站点固体废物处理

在勐仑服务区设置了小型垃圾热处理站，处理小磨公路沿线站点集中收集的垃圾，这在全国高速公路建设中尚属首创。该设备采用的是热解技术，对日常生活垃圾、塑料制品、皮革及废衣物、树叶等都可处理。处理工艺为无氧热解，所以只产生微量的排放。完整处理周期为 3 h，主炉体第一次点火后的运行不再耗能，只有烟气处理和垃圾填炉系统需消耗电能。烟气处理产生的水可以循环利用，不产生废水。其优点主要有：节能、环保、可处理所有有机废物、无害化处理彻底、排气优于标准、灰渣可综合利用、操作简便、占地面积小、处理成本低。

（4）在线环境监测

小磨高速公路勐仑服务区设置了在线环境监测站，站点建设面积为 90 m^2，安装了 2 套交通噪声在线监测系统、1 套空气在线监测系统和 1 套水质在线监测系统。这些系统实时监测并提供服务区的水质、空气及噪声的动态数据，对已实施的各项治理措施效果进行长效管控。根据监测结果，小磨高速通车至今各项环境参数均达标。

（5）提高水资源利用效率

建立自流式供水系统，在建设完工后作为消防水池的补给用水，经沉淀处理，最终将剩余的生态流量返还给地表径流系统，大大提高了水的综合利用率。

除了小磨高速公路进行了淡水生态系统保护的实践外，澜沧江－湄公河流域内的思小高速、大理至丽江的高速公路等，也将生态环境保护作为道路建设的重要考量因素。

6.2 柬埔寨西哈努克港经济特区建设与可持续投融资

6.2.1 柬埔寨西哈努克港经济特区概况

2007 年，红豆集团积极响应国家“走出去”的号召，来到柬埔寨投资建设园区，搭建国际产能合作平台，借助这个平台，把中国国内优势产业“走出去”的意愿与柬埔寨当地经济发展的阶段性需求有效对接，实现共赢发展。经过 10 年的发展，柬埔寨西哈努克港经济特区（以下简称西港特区）也不负众望，从一片荒芜之地，无水无电无路，到初步完成“五通一平”，成为柬埔寨当地生产、生活配套设施完善的国际化工业园区。西港特区成为首批通过中国商务部、财政部考核确认的经贸合作区之一，也是柬埔寨政府目前批准的最大的经济特区，是西哈努克省目前发展最好、就业人口最多的经济特区，是“一带一路”上的标志性项目，得到了中柬两国领导人的高度肯定。

6.2.2 可持续管理实践

西港特区的成功与它注重并实践可持续发展理念是分不开的，主要体现在以下几个方面。

6.2.2.1 重视与利益相关方的沟通

在西港特区的运营中，红豆集团提出“八方共赢”的发展理念，即与股东、员工、顾客、供应商、合作伙伴、政府、环境、社区八方建立共赢关系。在政府关系方面，西港特区的建设与柬埔寨当地的发展需要相结合。在与柬埔寨发展理事会以及西哈努克省政府等建立良好合作下，西港特区事务享有特事专办、急事快办的便利，并在园区内设立了“一站式”行政服务窗口，方便入区企业办理业务。西港特区的发展还得到了柬埔寨政府优厚的税收政策支持。

6.2.2.2 坚持绿色发展

在发展过程中，西港特区坚持开发与生态并举，维护绿色环境。西港特区开发建设的地块虽是荒芜之地，但在开发过程中，尽可能维护生态环境，保护原有的植被和水资源，逐步开垦，逐步推进建设，并且做到边建设边绿化。尚未规划、开发的土地都保持了原有的生态环境。另外，坚持建设与环保并举，打造绿色工业新城。在前几年污水处理尚未达标的情况下，坚决禁止作为生产污染源的重、化工企业入区。始终坚持建设雨、污分流排放管渠，对生活污水进行药物处理、沉淀降解后再排放，维护周边水源的生态安全。如今，西港特区又建设了柬埔寨最大的标准污水处理厂，构建绿色保障体系。

6.2.2.3 充分尊重当地文化

西港特区建立之初，就聘请当地律师作为法律顾问，常年提供法律支持。同时，还联合当地相关单位（机构）举办金融服务介绍会、法律咨询会、税收政策解读会等，引导企业遵守法律法规，严格执行柬埔寨政府规定的企业员工应当享有的社会福利政策，做负责任的国际企业，确保职工享有合法权益。

6.2.2.4　主动履行社会责任

自成立起，西港特区就坚持把融入当地、造福民众、奉献社会作为立足之本。一方面通过扩大就业，拓宽当地群众谋生渠道，提高群众生活水平。目前，仅属地波雷诺县就有 70% 的家庭在特区工作，改善了这些家庭的生活水平。同时，特区还带动了周边商业的发展，为周边村民脱贫致富创造商机。有些村民通过在特区内租赁商铺、向区内员工出租宿舍等获得收益。另一方面，热心公益慈善，造福当地百姓。2008 年，捐资 25.4 万美元为当地修建学校；每年都向柬埔寨红十字会捐款，救助社会弱势群体；向属地波雷诺县受灾渔民捐赠大米，旱灾时向默德朗乡灾民捐赠饮用水；在国际妇女节向柬埔寨贫困妇女捐助蚊帐；捐资助学，向品学兼优学生捐赠书包，发动员工开展“一对一”帮扶贫困学生。同时，成立西港特区中柬友谊公益志愿者团队，发动更多的人参与公益慈善活动，扩大帮扶的范围及规模。

2017 年，西港特区以更高起点，启动园区 2.0 版规划，力争将园区建设向产城一体化发展转变。即在加快园区工业建设的同时，进一步完善生活、居住、教育、医疗、娱乐等城市配套功能，为区内员工及周边村民提供全方位的城市配套服务，实现“学习在西港、工作在西港、生活在西港、幸福在西港”，不断提升西港特区的整体竞争优势，将西港特区打造成“一带一路”上的民心工程、样板园区。

7 展望

澜沧江－湄公河作为区域最重要的淡水来源，其水环境质量的好坏对区域各国人民的生计和发展至关重要。各国通过自身、双边和多边努力积极进行水环境治理，但迫于流域经济发展的压力，流域水环境质量恶化趋势依然严峻。未来澜湄流域可重点针对以下几方面开展水环境治理。

7.1 农村水环境治理

澜湄流域属欠发达地区，各国农业产值占国民生产总值的比重较大。农田耕作过程中，化肥和农药的施用成为流域水质恶化的重要诱因。此外，澜湄流域内居民生活用水收集处理率较低，也对农村水环境造成了一定的影响。广大的农村地区也是城乡居民饮用水的主要发源地，加强农村农业面源污染和居民生活用水的治理是保障流域用水安全的重要举措。

7.2 水利水电工程对水环境质量的影响

澜湄流域水资源丰富，开发利用过程中各类水利水电工程设施的建设通过改变河道连通性、降低流速、改变沉积物蚀积、增加水深等，影响流域水质、水生动植物生境等。流域水利水电工程建设导致的消极影响的应对措施的制定和实施对于保障流域淡水生态系统健康、维持各种生态系统服务的供应至关重要。

7.3 工业园区水污染治理

工业园区水污染物种类复杂，浓度高，处理难度大。工业园区水环境管理的重心是通过水资源循环利用，提高利用效率，同时可探索工业园区污水处理工艺流程的设计，通过收集各企业排放污水的污染物种类和浓度信息，设计合理的污水混合顺序，利用污水内污染物之间的物理、化学反应进行化学物质的回收利用，降低污染物浓度，提高污水处理效率。

参考文献

Akaishi F，M Satake，M Otaki，et al，2006. Surface water quality and information about the environment surrounding Inle Lake in Myanmar [J]. Limnology，7（1）：57-62.

Fedra K.，1991. Smart Software for Water Resources Planning and Management [J]. Nato Asi，26：145-172.

Nguyen A D，H H Savenije，2006. Salt intrusion in multi-channel estuaries：a case study in the Mekong Delta，Vietnam [J]. Hydrology and Earth System Sciences，3（2）：743-754.

Salas H J，P Martino，1991. A simplified phosphorus trophic state model for warm-water tropical lakes [J]. Water Research，25（3）：341-350.

Tin H Q，T Berg，Å Bjørnstad，2001. Diversity and adaptation in rice varieties under static（ex situ）and dynamic（in situ）management [J]. Euphytica，122（3）：491-502.

Xuan V T，1993. Recent advances in integrated land uses on acid sulphate soils [J]. International Inst.for Land Reclamation & Improvement.

安伟，2008. 绿色金融的内涵、机理和实践初探 [J]. 经济经纬，5：156-158.

王俊敏，2016. 水环境治理的国际比较及启示 [J]. 世界经济与政治论坛，6：161-170.

王俊敏，沈菊琴，2016. 跨域水环境流域政府协同治理：理论框架与实现机制 [J]. 江海学刊，5：214-219.

杨朝晖，2010. 非政府组织在大湄公河次区域环境治理中的影响研究 [D]. 昆明：云南大学 .